Personalmarketing to go

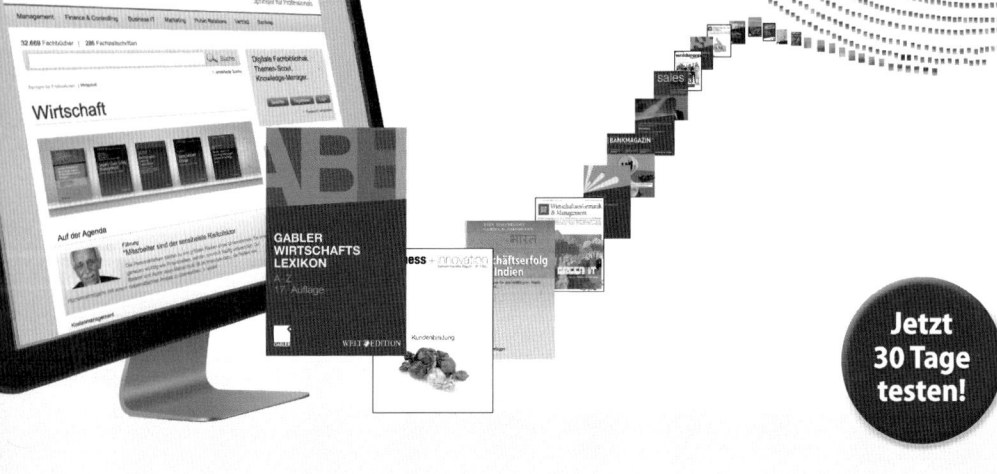 

Jörg Buckmann

Personalmarketing to go

Frechmutige Inspirationen für
Recruiting und Employer Branding

Jörg Buckmann
Zürich, Schweiz

ISBN 978-3-658-11153-3   ISBN 978-3-658-11154-0 (eBook)
DOI 10.1007/978-3-658-11154-0

Die Deutsche Nationalbibliothek verzeichnet diese Publikation in der Deutschen Natio-
nalbibliografie; detaillierte bibliografische Daten sind im Internet über http://dnb.d-nb.de
abrufbar.

Springer Gabler
© Springer Fachmedien Wiesbaden 2016

Lektorat: Juliane Wagner

Gedruckt auf säurefreiem und chlorfrei gebleichtem Papier.

Springer Fachmedien Wiesbaden GmbH ist Teil der Fachverlagsgruppe Springer Science+
Business Media
(www.springer.com)

Personalmarketing to go

**Zehn frechmutige Personalmarketingansätze, aus der Praxis für die Praxis
– mit vielen Tipps zum Mitnehmen**

Damit war nicht zu rechnen: Fast 2000 Mal ging mein Erstlingswerk „Einstellungssache: Personalgewinnung mit Frechmut und Können" in kürzester Zeit über den Ladentisch. Der Begriff „Frechmut" als Synonym für Tun statt Jammern hat sich inzwischen in viele Personalerherzen eingeschlichen. Es scheint fast, dass die spitzbübische Wortkreation aus Frechheit und Mut manch einen an seine Jugend und den süßen Geschmack von Streichen, Jugendsünden und Mutproben in der Grauzone des gerade noch Erlaubten (und vielleicht manchmal auch darüber hinaus) erinnert.

Frechmut hat über den HR-Tellerrand hinaus Luft geschnuppert. Die Schweizer Monatszeitschrift „Active life" schrieb: „Mut ist todernst. Erst wenn der Mut kippt und zum Übermut wird, bekommt er Leichtigkeit, aber auch Leichtfertigkeit, Verantwortungslosigkeit. Nicht so Frechmut. Er bedeutet prickelnde, glitzernde, funkelnde Lebensfreude. Sein Motor ist nicht Selbstdisziplin, sondern Vertrauen in sich selbst und die Welt, Lebenslust." Herrlich. Jawohl. So ist es gemeint. Das ist Frechmut!

In den letzten Monaten bin ich immer wieder auf clevere, zauberschöne und in allerbestem Sinne „einfache" Vorgehensweisen gestoßen. Diese Momente haben mir dann oft ein erstauntes, erfreutes, ja verwundertes „wie geil ist das denn?", kurz wgidd, entlockt.

Solche „wgidd-Momente" sind essentielle Ingredienzen der Frechmut-DNA (mehr darüber finden Sie im Frechmut-Buch). Weil sie mit einer Vision verbunden sind, mit dem Vorstellungsbild, wie „es" am Schluss sein soll. Weil sie mit Leidenschaft angepackt und um jeden Preis umgesetzt werden wollen. In mir keimte also der Gedanken, diese großartigen und manchmal verblüffend simplen Ideen wiederum zwischen zwei Buchdeckel zu packen.

Die entscheidende Idee mit „Personalmarketing to go" kam mir in Berlin. Es hätte aber auch Dresden, Darmstadt, München, Reutlingen, Fulda, Hamburg oder Karlsruhe sei können. Meine frechmutigen Vortragsreisen ließen mich viele Bahnhöfe und Flughäfen im deutschsprachigen Raum entdecken – und dadurch zwangsläufig auch ein kaum bekanntes afrikanisches Land: Togo.

Togo

Das kleine, westafrikanische Land Togo ist in unseren Breitengraden seit ein paar Jahren in aller Munde. Nicht unbedingt deshalb, weil es bis 1916 eine deutsche Kolonie war. Auch nicht, weil es an der Fußball-WM 2006 gegen die Schweiz spielte (und verlor, möchte ich etwas patriotisch angehaucht betonen). Vielmehr hat alles irgendwie damit angefangen, dass Menschen mit wenig Zeit – wie zum Beispiel Vortragsreisende in Sachen Frechmut – sich mit Vorliebe oder viel eher zwangsläufig unterwegs verpflegen. Und weil für Produkte *zum Mitnehmen* oder das schöne *für unterwegs* nur halb so gut klingen wie das kurze, englische „to go", ist heute irgendwie alles to go.

Was durchaus passend – Togo exportiert in der Tat den Wachmacher in Bohnenform – mit Coffee to go begann, hat mittlerweile epidemische Züge angenommen:

- Car to go,
- Festnetz to go (Swisscom) oder auch WLAN to go (Telekom),
- Rewe to go,
- Gyn to go (Gynäkologische online-Fortbildung),
- Gold to go,
- Hair to go,
- Shoes 2 go (in Florida zu Hause, aber eigentlich eine Kopie des ehemaligen Schuhladens Schönbächler an der Langstraße in Zürich – mehr dazu im Epilog).

Selbst Ferienwohnungen (home to go) oder die speziell handlichen Trucks (MAN to go) gibt es längst ganz lässig zum Mitnehmen. Nun gut, wenn das halt so ist, dann will auch ich mich diesem Trend nicht verschließen. Nicht dass es noch heißt, wir Schweizer wären von gestern.

▶   Wenn selbst LKWs to go sind, warum kann dann nicht auch Personalmarketing to go sein? Eben!

Meine „to go's" sind kurze und budgetfreundliche Tipps zum Mitnehmen und umsetzen. Sie sind die Essenz aus zehn frechmutigen Personalmarketingideen, die übrigens fast alle für Unternehmen ungeachtet ihrer Größe und Branche umsetzbar sind. Meine Inspirationen richten sich logischerweise an Frauen und Männer, die Freude an Personalmarketing haben. Darum spreche ich in diesem Buch je nach Lust und Laune mal die einen, mal die anderen an, fast immer meine ich aber beide Geschlechter.

Prolog

Was HR von Muhammad Ali lernen kann

Einer der größten – in seinem eigenen Selbstverständnis unbestritten der allergrößte – Faustkämpfer aller Zeiten ist Muhammad Ali. 1971 hat dieser sogar einmal in Zürich geboxt und den Hamburger Jürgen Blin in der 7. Runde auf die Bretter geschickt – lesen Sie mehr darüber im Epilog am Schluss dieses Buchs. Doch sein Gesellenstück, welches ihn unsterblich machte, lieferte er nicht im altehrwürdigen Zürcher Hallenstadion und auch nicht in Togo, sondern drei Jahre später in der afrikanischen Gluthitze des damaligen Zaire.

Kinshasa. Stade du 20 Mai, es ist der 30. Oktober 1974. Tausende Zuschauer in der von Schweiß und Adrenalin durchtränkten Atmosphäre rund um die 37 Quadratmeter Boxring mitten in Zentralafrika. Der legendäre „rumble in the jungle".

Eine laute, vibrierende, nervös-fiebrige, hitzige Stimmung liegt in der Luft. Fast niemand traut Muhammad Ali den Sieg zu. Er fordert George Foreman heraus, in 40 Profikämpfen ungeschlagener klarer Favorit. Die meisten seiner Gegner schlug er innerhalb weniger Runden K.o. Ali ist krasser Außenseiter und mit 32 Jahren der Ältere. Ein schneller und deutlicher K.o. durch Foreman wird erwartet.

Doch Ali überrascht mit seiner ungewöhnlichen Technik und seiner frechmutigen Taktik alle – seinen Gegner Foreman, das Publikum und sogar seinen eigenen Trainer.

Anstatt wie früher durch Schnelligkeit und Tänzeln zu versuchen, den harten Schlägen seines Gegners auszuweichen, lässt sich Ali freiwillig in die Seile drängen, in denen er sich weit nach hinten lehnt. Damit ist der Kopf außerhalb von Foremans Reichweite. Seinen Körper schützt er durch die Arme und die elastischen Seile federn die Schläge regelrecht ab.

In den Kampfpausen versucht der Veranstalter fieberhaft, die Seile zu spannen, aber Ali spielt weiterhin sein Spiel. Obwohl ihm sein Trainer zuschreit, er solle unbedingt weg von den Seilen – und vor allem weg von Foreman und dessen Fäusten. Ali jedoch sucht Foremans Nähe, um ihm zuzuflüstern: „Is that all you can, George?".

Foreman, der seit dreieinhalb Jahren in keinem seiner Kämpfe länger als fünf Runden im Ring gestanden und seine letzten acht Gegner alle in den ersten zwei Runden K.o. geschlagen hatte, ist verblüfft und überfordert. Er baut konditionell ab, und Ali kann sich mit Kontern aus der Deckung heraus immer besser in Szene setzen.

Kurz vor dem Ende der 8. Runde schlägt Muhammad Ali seinen Kontrahenten mit zwei schnellen links-rechts-Kombinationen und neun aufeinander folgenden Kopftreffern nieder. Foreman schafft es nicht mehr rechtzeitig, wieder aufzustehen, der Kampf war entschieden. Eine Sensation.

▶ Ali provozierte mit seiner Frage „Is that all you can?" seinen Gegner und brachte ihn aus dem Tritt. Heute fragen die Talente ihre potenziellen Arbeitgeber: „Is that all you have?". Sie verblüffen damit viele Arbeitgeber oder bringen sie gar wie einst Foreman völlig aus dem Konzept.

Auch in Personalmarketing und Employer Branding geht es (zum Glück!) weniger um Muskelmasse in Form großer Budgets, sondern darum, die Muskeln clever einzusetzen und richtig anzuspannen. Oder, um es mit den Worten von Muhammad Ali zu sagen: „Schweb wie ein Schmetterling, stich wie eine Biene."

Wie beim Boxen stechen auch im Personalmarketing folgende Eigenschaften:

- Raffinesse,
- Cleverness,
- Kreativität,
- Mut, Muster zu brechen,
- Geduld.

Diese Stärken zeichneten damals nicht nur Muhammad Ali aus, sondern auch die Verantwortlichen für die hier im Buch vorgestellten Praxisbeispiele. Ich bewundere die raffinierte Idee der Baloise Group, mit wenig Aufwand potenzielle Beratungstalente neugierig zu machen. Ich ziehe meinen Hut vor den authentischen Videos von L'Osteria, die mit wenig Budget, aber dafür umso mehr Cleverness konzipiert wurden. Ich denke an die Personaler der Stadtpolizei Zürich, die mit Kreativität in ihrer Personalwerbung auf die regelmäßig wie Orgelpfeifen beschlossenen Budgetkürzungen durch die Zürcher Politiker reagieren. Ich denke an Unternehmen wie Lidl oder das Kinderspital Zürich, die Schritte in Richtung Lohntransparenz gemacht haben und damit gerade in der Schweiz betondicke Muster gebrochen haben. Und ich bewundere die Geduld von Matthias Mölleney, dem letzten Personalchef der Swissair, der sich auch durch das Grounding der nationalen Airline nicht hat in den Seilen hängen lassen und als Letzter von Bord gegangen ist.

Ich wünsche Ihnen viele Inspirationen und schlagende Argumente für Ihr Personalmarketing!

Über mich

Das ist eine Verdummung der Sprache!

Es war in der dritten oder vierten Klasse, als dies Fräulein Uhlmann, meine Prima-
lehrerin, in strengem Ton zu mir sagte und mir mein Comic-Heft („Bessy", wenn
Sie es genau wissen wollen) wegnahm. Vielleicht ist es also auch ein wenig ihr ge-
schuldet, wenn jetzt bereits mein zweites Buch auf den Markt kommt, auch wenn

diese Episode natürlich nicht mein wirklicher Motivator ist. Und doch löst diese Erinnerung in mir immer wieder eine kleine Genugtuung und ein Schmunzeln aus. Schon in meiner Jugend habe ich lieber gelesen als gerechnet. Diese Lust habe ich in den letzten Jahren wiederentdeckt. Dass sich dies nun mit meiner Leidenschaft für gutes, praxisnahes Personalmarketing zwischen zwei Buchdeckeln wunderbar verbinden lässt, ist ein schöner Zufall.

In den letzten Jahren habe ich selber erlebt, wie gutes Personalmarketing funktionieren kann. Als Praktiker, nicht als Theoretiker. Unterstützt von einem guten Chef, einer kreativen Agentur und einem Team, das mitgezogen und meine Marotten mitgetragen hat, konnte ich für die Verkehrsbetriebe Zürich (VBZ) und Kunden wie das Kinderspital Zürich Personalwerbung machen, die auf dem Arbeitsmarkt Wirkung erzielte, Kosten einsparte und in der Fachwelt für Aufsehen sorgte. Diese Erfahrungen gebe ich jetzt weiter – als Berater, Speaker und in Buchform.

Inhaltsverzeichnis

1 Abheben: Die Zielgruppe erreichen 1
Die Arbeitgebervorteile benennen – und zwar klar und deutlich 2
Was Bewerberinnen und Bewerbern wichtig ist 3
Den Kindern alles Gute 5
Weitere Beispiele, zum Hin (und Ab-)schauen schön 7
To go 9

2 Ganz schön galant: Mit Komplimenten rekrutieren 11
„Saumässig guet! Finde ich." 13
„Schön, Sie wiederzusehen" 14
To go 17

3 Video al dente: Personalwerbung mit Geschichten 19
„Das Wichtigste gleich vorneweg:
Wir wollen nicht, dass Du für L'Osteria arbeitest!" 20
Innen beginnen 20
Lust auf Familiengefühl? 21
Glaubwürdig, emotional und im positiven Sinne einfach: die Jobvideos 22
Viel für wenig 23
Videos sind auch Anwalts Liebling 23
To go 25

4 Perpetuum Mobile: Bewegte Personalwerbung 27
Groß und günstig 28
Öffentlicher Verkehr 28
Alltagshelden 29
Kollege gesucht 31
„Ich habe gar nicht gefragt, wir haben das einfach mal so gemacht" . . 33

Wimmelbus 35
To go 37

5 „Einen Kaffee, die Zeitung und einen Job to go bitte" –
   Personalmarketing offline 39
   Stromer gesucht. 40
   Außenwände. 41
   Personalwerbung am POS: Einfach, nah und kleine Preise 43
   To go 47

6 Persönlich werden – die richtigen Bilder im Recruiting einsetzen . 49
   Stockbilder sind Schockbilder 50
   Von Nina A. und Jürgen Z. 52
   Wie Sie Ihre Mitarbeitenden vor die Kamera holen 53
   Geht ja! 55
   To go 57

7 Personalmarketing mit Blaulicht – und Humor 59
   Erfolgreiche Großfahndung nach neuen Polizeitalenten 60
   Die rassigsten Männer von Zürich 61
   Dubioser Privatdetektiv wirbt für Polizei 63
   To go 64

8 Aufrecht gehen – HR-Arbeit mit Ego und Authentizität 65
   Breitbeinig gehen. 66
   Grounding 67
   Wiehl sucht Bürgi 69
   Dialog. 71
   To go 73

9 Echt gut – Wenn Nachahmung im Personalmarketing erlaubt
   und hilfreich ist 75
   Wie es zum Zürcher-Lübecker Nichtangriffspakt kam 77
   Der unsägliche Poker um den Lohn 78
   Spielerisch voneinander lernen 79
   To go 80

10 Tutti Frutti – Inspirationen für Personalmarketing, Recruiting
   und Employer Branding 81
   Würdige Personalwerbung 82

Mindestlohn-Initiative von Lidl Schweiz 82

Mänsche, wo öppis beweged 85

Personalmarketingstadl 86

Mit Kunst werben 87

To go 90

Epilog 91

Danke 99

Weiterführende Literatur 101

Abheben: Die Zielgruppe erreichen

1

Wer Glühbirnen, Hundehalsbänder oder Dörrfrüchte an die Frau oder an den Mann bringen will, muss wissen, was sein Produkt auszeichnet und womit es sich von anderen abhebt. In der Personalwerbung funktioniert es genauso.

Wer also als Arbeitgeber abheben will, muss sich über seine Ziele und Zielgruppen im Klaren sein und sich Gedanken zu seiner (ich bin schließlich Schweizer) Schokoladenseite machen. Ein pointierter Auftritt befriedigt die Informationsbedürfnisse der Zielgruppen und streicht heraus, welche konkreten Leistungen mögliche Käuferinnen bzw. Bewerberinnen von ihrem künftigen Arbeitgeber erwarten können.

© Springer Fachmedien Wiesbaden 2016
J. Buckmann, *Personalmarketing to go*, DOI 10.1007/978-3-658-11154-0_1

Männer in Anzug und Fliege. Die Damen in eleganten Kleidern und High Heels. Erlesene Weine, auf dem Teller nur das Allerfeinste. Ein Fünfsterne-Hotel am Zürichsee. Viel Prominenz, die Schönen und Reichen oder zumindest jene, die sich für das Eine oder Andere halten. Wenn sich im Herbst die Schweizer Prominenz im Baur au Lac zusammenfindet, ist Kispiball-Zeit. Dann wird getrunken, gefeiert, getanzt und auch für das Kinderspital Zürich, kurz Kispi, gespendet. 2014 immerhin eine Dreiviertelmillion. Ein buntes Stelldichein aus Missen, Ex-Missen, Vize-Missen und Ex-Vizemissen, aus Wirtschaftsführern, Politikern (natürlich rein dienstlich) und einigen Mitgliedern des Jet Sets, denen die Härte ihres „Jobs" sichtlich ins Gesicht gespritzt bzw. natürlich geschrieben ist.

Ganz so schillernd wie die Wohltätigkeitsveranstaltung ist der Arbeitgeberauftritt des Kinderspitals nicht. Und bis vor kurzem waren auch die Botschaften im Internet und den Stellenanzeigen nicht annähernd so pointiert wie der Kommentar der scharfzüngigen Klatschreporterin Hildegard Schwaninger über eine Ball-Besucherin im Rentenalter, die, Zitat, einen „Trophäenmann Jahrgang 1993" bei sich hatte. Wenigstens hier scheint die Gleichberechtigung definitiv zu funktionieren. Nun aber zum Thema. Das Kinderspital hat sich auch im Personalmarketing herausgeputzt und punktet nun mit klaren Arbeitgebervorteilen. Davon gleich mehr.

Die Arbeitgebervorteile benennen – und zwar klar und deutlich

Die Diskussionen in der Personalwerbung drehen sich oft um die Kommunikationskanäle. Print ist out und online in. Oder auch nicht. Ein Video wäre sicher auch nicht schlecht und vielleicht sollten wir auch mal was auf Facebook machen. Doch nicht das wie steht am Anfang, sondern das was. Bevor man kommuniziert, muss man wie beim Boxen auch seine Stärken kennen. Diese heißen im Personalmarketing Arbeitgebervorteile und werden in der EVP, der Employer Value Proposition, zusammengefasst. Cool dabei: Die eigenen Vorzüge als Arbeitgeber herauszuschälen, ist halb so schwer, wie es vielleicht aussieht.

Dynamisch? Marktführer? Junges Team? Zeitgemäße Anstellungsbedingungen? Die Liste der nichtssagenden Floskeln in Stellenanzeigen und Karriere-Webseiten ließe sich beliebig fortsetzen. Dabei sprechen doch jetzt alle gescheit von der Gestaltung einer „Employer Brand", der Arbeitgebermarke, und meinen damit zu oft ein paar Slogans und nette Bilder. Zurück auf Start, kann ich da nur sagen. Denn:

▶   Für jede Marke geht es darum, eine Leistung konkret zu machen.

Wir merken uns die Worte L-e-i-s-t-u-n-g und k-o-n-k-r-e-t. Diese Maxime der Markenführung, dem wunderbaren Ratgeber „Marke ohne Mythos" entnommen, gilt auch für das Personalmarketing. Fakten statt Floskeln. Bringen Sie anstelle leerer Worte Klarheit in ihre Personalkommunikation und punkten Sie mit Fakten.

Wer ein Arbeitgeber mit Profil sein will, und wer möchte das schließlich nicht, muss also seine Arbeitgebervorteile klar benennen: die messbaren und meist mit Zahlen belegbaren Angebote des Unternehmens wie Lohn, Sozialleistungen oder Fringe Benefits. Und weitere relevante Fakten wie den Standort, die Gestaltung des Arbeitsplatzes und der Arbeitsmittel, die Verpflegungsmöglichkeiten sowie die Weiterbildungs- und Entwicklungsmöglichkeiten. Es geht darum, sich von anderen zu differenzieren, eine weiße Bohne im Meer schwarzer Kaffeebohnen zu sein.

Mindestens so wichtig sind die vermeintlich weichen (dabei aber längst betriebswirtschaftlich knallharten) Aspekte Ihrer Arbeitgeber-DNA wie Werte und Unternehmenskultur. Sie prägen als „emotionale Benefits" die Arbeitgebermarke und sind immer mehr die entscheidenden Auswahlkriterien der Zielgruppen.

Es gilt also, nicht nur die harten Vorteile ans Licht des Arbeitsmarktes zu bringen, sondern auch den „emotionalen USP" zu finden und zu kommunizieren. L'Osteria ist das sehr gut gelungen, wie Sie im übernächsten Kapitel sehen werden.

►   Die „weichen" Seiten Ihrer Arbeitgebermarke wie zum Beispiel Sinn, Vertrauen, Begeisterung, Wertschätzung oder einfach „Wärme" sind die eigentlichen Bewerbermagnete!

Mehr noch, sie wirken sogar als regelrechte Loyalitätsmacher, wie mir Bestsellerautorin Anne M. Schüller („Touchpoint Management") kürzlich an einem Vortrag im Leipziger Zoo (kein Witz) erklärte. Diese (Ihre!) Unternehmenswerte herausschälen, kann, um es einmal ganz unschweizerisch direkt und passenderweise in der Zoo-Terminologie zu sagen, jeder Esel. Oder fast jeder.

Was Bewerberinnen und Bewerbern wichtig ist

Wer sich daran macht, seine eigenen Arbeitgebervorteile herauszuarbeiten, tut gut daran, auch etwas darauf zu achten, was den angepeilten Zielgruppen wichtig ist. Dazu gibt es unzählige Studien und Umfragen, deren Ergebnisse sich im Kern nur wenig unterscheiden. Zusammenfassend lassen sich daraus sechs Elemente extrahieren, die gute Arbeitgeber auszeichnen:

1. Sicherheit,
2. gute Anstellungsbedingungen,
3. interessante und abwechslungsreiche Arbeitsinhalte,
4. gute Entwicklungschancen,
5. ein toller Teamgeist,
6. eine gesunde Work-Life-Balance.

Die Ansprüche der Zielgruppen scheinen also ziemlich bodenständig zu sein. So denkt auch Karriere-Coach Svenja Hofert. In einem Interview mit der Zeitschrift *Brand eins* im September 2014 antwortete sie auf die Frage, wann Arbeit gute Arbeit sei: „Man traut es sich kaum zu sagen, so banal ist es. Die Leute gehen gern zur Arbeit, wenn sie anständig bezahlt werden, mit netten Kollegen zusammenarbeiten, mit denen sie gern mal beim Kaffee zusammenstehen und quatschen können; wenn sie ihren Job beherrschen und das Gefühl haben, wertgeschätzt zu werden. Sie gehen dann aber auch gern pünktlich nach Hause, denn sie wollen auch ihre Kinder sehen.“

Die Zielgruppen zu verstehen und mit einem, zwei oder drei konkreten Arbeitgebervorteilen anzusprechen, ist also definitiv keine Hexerei – aber man muss es tun! Doch wie definiert man denn nun seine Arbeitgebervorteile?

Selber entdecken
Sie können die Suche nach Ihrer Arbeitgeber-Marke in die Hände einer darauf spezialisierten Personalmarketing-Agentur legen. Das kann durchaus sinnvoll sein, ist sicher auch eine Budgetfrage.

> ▶   Sie können aber auch ohne externe Berater ganz schön weit kommen. Niemand weiß besser als Sie selber, welcher Geist in Ihrem Unternehmen herrscht und was genau Sie zu bieten haben.

Ob mit Agentur oder ohne, das Prinzip ist dasselbe und recht einfach: Fragen Sie einfach Ihre Mitarbeitenden, was diese an ihrer Arbeit und an ihrem Arbeitgeber schätzen. Warum sie gerne zur Arbeit kommen. Welche Bestandteile der Anstellungsbedingungen ihnen besonders wichtig sind. Wenn Sie geschickt eine Gruppe aus allen Hierarchiestufen, aus allen wichtigen Berufsgruppen und mit unterschiedlicher Betriebszugehörigkeit zusammenstellen, dann kommen Sie in einem halbtägigen Workshop schon weit. Sehr weit. Speziell praktisch: Oft gibt es bereits aktuelle Basisdaten, die Sie für die Kommunikation Ihrer Arbeitgebermarke nutzen können. Dazu gehören zum Beispiel die Daten aus den Austrittsgesprächen oder, noch besser, aus aktuellen Mitarbeiterumfragen. Da liegen oft wahre Datenschätze, die nur noch gehoben werden müssen.

Den Kindern alles Gute

Das Kinderspital Zürich, auch kurz und liebevoll „Kispi" genannt, hat Employer Branding auf eigene Faust gemacht und sich vielleicht, wer weiß, auch ein wenig von Muhammad Ali inspirieren lassen. Auf der Basis einer ehrlichen Analyse des aktuellen Arbeitgeberauftritts hat sich das HR-Team klare Ziele gesetzt und diese entschlossen angepackt. Mit nur wenig Unterstützung von außen wurde in einem ersten Schritt in enger Zusammenarbeit mit der Kommunikationsabteilung das Arbeitgeberprofil geschärft.

- Schritt eins: In einem dreistündigen Workshop mit zehn Teilnehmern aus allen wichtigen Abteilungen, Berufsgruppen und über alle Hierarchie- und Altersstufen hinweg wurden die Arbeitgebervorteile gesammelt und gemeinsame Nenner geclustert.
- Schritt zwei: Die Erkenntnisse wurden in den zwei darauffolgenden Wochen im kleinen Kreise kommunikativ geschärft, intern verifiziert und mit der Geschäftsleitung abgestimmt.
- Schritt drei: Fertig.

Das Resultat: Die Arbeitgebervorteile des Kinderspitals, zusammengefasst unter dem so genannten „Kispi-Spirit" (Abb. 1.1).

Es liegt ja fast schon auf der Hand, aber in den Workshops wurde es deutlich: Die Mitarbeitenden eint der Antrieb, Kindern zu helfen. Ein unschlagbarer „Emotional USP". Selbst Matthias Bisang, Leiter des Personaldienstes, war erstaunt: „Es war schon vorher klar, dass dieser Punkt für uns alle vom Kispi ein ganz starker

Abb. 1.1 Kinderspital Zürich: Der Kispi-Spirit. (Bildrechte: Kinderspital Zürich)

UNIVERSITÄTS-
KINDERSPITAL
ZÜRICH   Das Spital der
                Eleonorenstiftung

Vom Kispi-Spirit und unserer Leidenschaft

Wer hier arbeitet, kennt ihn: den Kispi-Spirit. Oft sagen die Mitarbeitenden, dass das Kinderspital Zürich nicht einfach ein Spital ist. Vielleicht nennen sie es auch darum einfach das "Kispi". Denn über alle Funktionen und Abteilungsgrenzen hinweg verbindet sie alle jeden Tag ein starker Antrieb, eine gemeinsame Mission: Den Kindern alles Gute. Was gibt es Schöneres?

Motor dafür ist, jeden Tag das Beste zu geben. Aber dass dieser emotionale Wert im Workshop immer wieder und so klar heraussticht, hat uns in dieser Deutlichkeit schon etwas überrascht." Die Vorzüge des Kinderspitals Zürich im hartumkämpften Gesundheitsmarkt sind nun in drei wesentliche Punkte gegliedert:

- Unser Herz schlägt für Kinder.
- In unserer Disziplin spielen wir in der „Champions League".
- Mit Freude arbeiten.

Das Kinderspital verfügt nun über eine harmonische Arbeitgebermarke und punktet mit Klarheit. In ihren Arbeitgebervorteilen spielt es Stärken aus, die zu einem schönen Teil unverwechselbar und schwer kopierbar sind. Die Sinnhaftigkeit („Unser Herz schlägt für Kinder"), Stolz, außergewöhnlich gute Entwicklungsmöglichkeiten und spannende Arbeit mit einer europaweit anerkannten Expertise („In unserer Disziplin spielen wir in der Champions League") sowie der Team-Spirit („Mit Freude arbeiten") sind klare Botschaften, mit denen das Kispi nun auf dem Arbeitsmarkt kommunikativ punkten und sich von anderen Spitälern abheben kann.

Unter „Unsere guten Rahmenbedingungen" listet das Spital weitere konkrete Argumente für künftige Mitarbeitende auf und differenziert sich dabei von den Mitbewerbern auf dem Markt. So heißt es dort zum Beispiel: „Mehr Ferien als an anderen Spitälern in Zürich: 5 Wochen, und zusätzliche Urlaubstage als Treueprämien schon nach 5 Jahren."

Vergleichende Werbung – warum auch nicht? In der kommunikativen Umsetzung haben sich die Verantwortlichen in einem ersten Schritt auf das wichtigste Instrument in der Personalwerbung konzentriert: Im brandneuen (und 2014 mit einem HR Excellence Award ausgezeichneten) Online-Stelleninserat haben sie ihre Arbeitgebervorteile exzellent umgesetzt. In jedes Inserat integriert ist ein Video, welches auch die kulturellen Elemente anschaulich macht. Es kommen zehn unterschiedliche Videos zum Einsatz (Abb. 1.2).

Roter Faden in allen Videos: Ein Kind, welches aus seiner Sicht das Kispi und seinen Spirit entdeckt. Auch die anderen Arbeitgebervorteile kommen nicht zu kurz. Sie sind auf einem animierten Plan des Kinderspitals mit der Maus zu entdecken.

Einblicke in den Spitalalltag

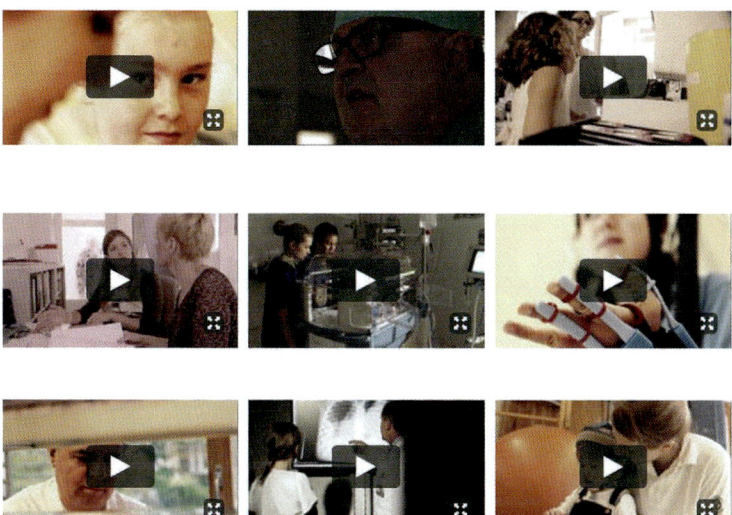

Abb. 1.2 Kinderspital Zürich: Einblicke in den Spitalalltag. (Bildrechte: Kinderspital Zürich)

Weitere Beispiele, zum Hin (und Ab-)schauen schön

Auch andere Firmen haben ihren Job gemacht und punkten in ihrer Personalkommunikation mit vielen konkreten Informationen und Emotionen. Aufgefallen sind mir:

- Die Eismänner von der Firma Eismann lassen auf ihrer sowieso einmaligen Karriere-Webseite gleich 16 „Eismänner" – und dabei sogar die kompletten Teams zweier Standorte – zu Wort kommen (www.eismannjobs.de). Da ist, abgesehen von vielen Informationen, auch viel Teamgeist zu spüren.
- Swisscom, der größte und ehemals staatliche Schweizer Telekommunikationsanbieter, lebt eine „Du-Kultur". Diese wird durchgängig kommuniziert, indem auch in den Stelleninseraten „geduzt" wird. Selbstverständlich werden auch die Auskunftspersonen konsequent mit Vornamen aufgeführt.

- Wie Sie alle Ihre Arbeitgebervorteile in ein Video von genau 60 Sekunden packen, zeigt das Pflegezentrum Reusspark in einem atemberaubend schnellen
  und guten Video (www.youtube.com/watch?v=GCZ28BLlm4g).
- Die Deutsche Flugsicherung (DFS) lässt angehende Fluglotsen gleich selber zu
  Wort kommen. Diese schreiben im „Azubi Blog" (www.dfs-azubiblog.de) über
  ihre Erlebnisse in der Ausbildung und werden so zu glaubhaften Botschaftern
  ihres Unternehmens. Das gilt auch für den Blog von Peek & Cloppenburg, der
  die Einstellung des Unternehmens zu seinen Mitarbeiterinnen ebenfalls sehr
  authentisch zeigt (http://karriereblog.peek-cloppenburg.de/).

Abb. 1.3 Mit Stil auffallen. (Bild: Thomas Aebischer; Der Fotomacher)

To go

❗ Analysieren Sie knallhart, wo Sie stehen und definieren Sie entschlossen, wo Sie hinwollen.

❗ Überzeugen Sie Ihre Zielgruppen mit konkreten Informationen. Beschreiben Sie, was genau Ihre Produkte – Ihre Stellen – auszeichnet und womit Sie sich von ~~den anderen Kaffeebohnen~~ den Mitbewerbern auf dem Arbeitsmarkt abheben.

❗ Veranstalten Sie auch einmal einen „Ball" und putzen Sie sich als Unternehmen ruhig ein wenig heraus. Zeigen Sie, was Sie zu bieten haben – auch die inneren Werte.

Ganz schön galant: Mit Komplimenten rekrutieren

Es gibt Unternehmen, die machen fast den Kopfstand, um an gute Mitarbeiter zu kommen. Sie lassen Agenturen coole Slogans für Kampagnen erarbeiten, engagieren für teures Geld Headhunter oder lassen begehrte Studienabgänger schon mal zu einem als Workshop getarnten Weekend in die Toskana einfliegen. Kann man machen. Muss man aber, zum Glück, meist nicht.

Meine Empfehlung: Cool down – Talente kann man auch ganz einfach und verblüffend anders im Alltag ansprechen. Sympathische Bewerberansprache muss nicht teuer sein. Verteilen Sie (virtuelle) Rosen, werden Sie zum galanten Mystery Shopper im Nebenamt.

© Springer Fachmedien Wiesbaden 2016
J. Buckmann, *Personalmarketing to go*, DOI 10.1007/978-3-658-11154-0_2

Nein, Urs Engelberger ist kein Mystery Shopper. Zumindest nicht im engeren Sinne der Definition. Und doch schaut er genau hin, wenn er privat unterwegs ist. Er achtet in Hotels, Restaurants oder Geschäften, speziell darauf, wie mit ihm als Kunde umgegangen wird. Engelberger „leidet" gewissermaßen unter einer *Deformation Professionelle*, denn er ist unter anderem auch für die schwierige Suche nach überdurchschnittlich kundenorientierten, überzeugungsstarken Kundenberatern für seine Versicherung, die Baloise Group, zuständig.

Widerfuhr nun Urs Engelberger an irgendeinem Touchpoint dieser Welt (naja, sagen wir in der Schweiz, aber das ist ja gewissermaßen die Welt, finde ich) so ein außergewöhnlicher Kundendienst, übergab er zusammen mit einem dicken Lob ganz einfach seine Visitenkarte. Doch schon länger tüftelte er nach einer Weiterentwicklung seines Systems, einer noch ausgefeilteren, noch eleganteren Lösung. Einer, die noch stärker auf den Überraschungseffekt und die neuen Medien setzt.

Im Hinterkopf hatte Engelberger eine bereits vor einiger Zeit umgesetzte Idee der Marketingkollegen der viertgrößten Schweizer Versicherung. Es ging um Touchpoint-Management. Dabei wurden herausragende interne Dienstleistungen unter Kollegen auf eine einfache Weise wertgeschätzt – man steckte einander Kärtchen mit aufmunternden Sprüchen zu. Ziel: Wertschätzen und Danke sagen. Gelebter Teil der Kultur der traditionsreichen Schweizer Versicherung.

Engelberger erkannte: In der Idee, kombiniert mit seinem sympathischen und bereits erprobten Vorgehen mit der Direktansprache am Point of Sale, steckt viel Potenzial. Doch der zündende Funke für die konkrete Umsetzung sprang noch nicht über. Also lud er Marcus Fischer nach Zürich ein. Zum Glück kann sich auch Fischer, bis 2015 bei der Baloise Group zuständig für Employer Branding und Recruiting, auf seinen Hippocampus verlassen. Diesem Teil des limbischen Systems des Hirns wird die Gedächtnisbildung zugeschrieben. Denn auch Fischer fiel vor Jahren eine ähnliche Idee aus dem Vertrieb ins Auge. Und schon damals dachte er, dass sich so etwas auch auf das Recruiting adaptieren ließe. Die Zeit war damals noch nicht reif. Doch jetzt war sie es.

Durch die gegenseitige Inspiration in der Diskussion entstand die Idee in den Köpfen der beiden kreativen Personaler. Für die Umsetzung benötigte Machertyp Fischer so ungefähr 53 Minuten – so lange braucht der Intercity von Zürich nach Basel. Als er dort ausstieg, hatte er die für diese Idee wichtige, einfache aber wirkungsvolle Landingpage skizziert und einige der Visitenkarten entworfen.

„Saumässig guet! Finde ich."

… ich auch, die Idee ist wirklich stark! Als Kundenberater wünscht sich die Baloise Menschen mit einem gewinnenden Auftreten und einer starken Ausstrahlung. Menschen, die in der Lage sind, rasch Beziehungen zu knüpfen. Kommunikativ starke Männer und Frauen. Solchen Menschen begegnen wir immer wieder im Alltag – an der Hotelreception, im Brillengeschäft, im Restaurant und in anderen kundenorientierten Berufen. Der direkte Kontakt zum Kunden ist aus Markensicht der „moment of truth", der Moment der Wahrheit. Dort wird das meist blumige Markenversprechen eingelöst. Die Idee der beiden Baloise Personaler: Wer als Mitarbeiter eine tolle Dienstleistung erlebt, eine, die auch der eigenen Arbeitgeberin gut anstehen würde, gibt sofort Feedback.

▶ Die Spontanrückmeldung erfolgt in Form einer einfachen Visitenkarte mit markigen Sprüchen wie „Saumässig guet! Finde ich."

Oder auch: „Bombig beraten. Beeindruckend!" (Abb. 2.1).

Wer erhält schon nicht gern solche Feedbacks? Und wie selten erhalten wir solches? Darum sind die kleinen bunten Kärtchen, jedes davon versehen mit einem QR-Code, Feedbacks mit Neugiergarantie. Kein Absender, kein Name, nur das Kompliment und der QR-Code. Logisch, dass jede Beschenkte nachschaut, was es damit auf sich hat.

Abb. 2.1 Charmante Bewerberansprache. (Bildrechte: Baloise)

„Schön, Sie wiederzusehen"

Wiedersehen macht Freude. Neugierige, die den Code auf der Business Card scannen, werden auf einer einfach gestalteten, kleinen Landingpage mit einem freundlichen Bild und einem sympathischen Spruch, zum Beispiel „Schön, dass Sie da sind", oder „Schön, Sie wiederzusehen" begrüßt. Jetzt erst wird klar, dass der Feedbackgeber Mitarbeiter der Baloise Group und auf der Suche nach neuen Mitarbeitenden oder Arbeitskolleginnen ist (Abb. 2.2).

Als „Begrüßungs-Homepage" dient ein frei und kostenlos zugängliches „about me"-Profil (www.about.me). Diese Plattform ermöglicht es, ähnlich einer digitalen Visitenkarte, die wichtigsten Informationen über sich komprimiert darzustellen. Marcus Fischer stellte diese für seine Kollegen der Baloise Group, die an der Aktion partizipieren, individuell zusammen und machte so die Kontaktaufnahme über die verschiedenen sozialen Medien oder ganz einfach per Mail oder Telefon einfach. Ebenfalls aufgeführt sind die jeweiligen freien Stellen des Feedbackgebers.

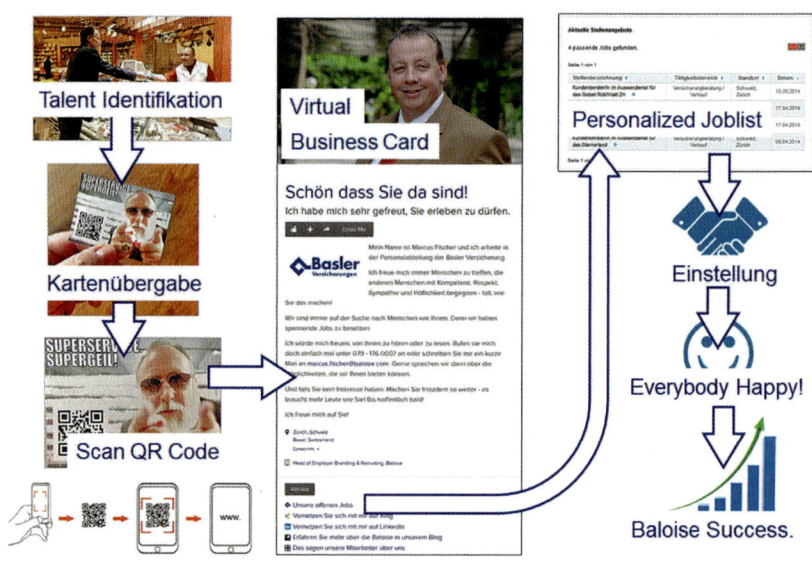

Abb. 2.2 Landingpage. (Bildrechte: Baloise)

Fischer und Engelberger sind vom Vorgehen überzeugt: „Wir sind mit drei Kolleginnen und Kollegen gestartet, bauen jetzt kontinuierlich aus. Der Aufwand ist sensationell tief: Ein paar Franken für die Business Cards, für das Einrichten der Landingpage benötigen wir ungefähr drei Stunden. About me-Accounts sind gratis, dafür müssen wir kein Geld in die Hand nehmen." Für konkrete Zahlen ist es noch zu früh, aber erste „Beschenkte" sind ganz einfach verblüfft und angetan. „Selbst wenn sie sich nicht für eine Wechsel zur Baloise entscheiden – das Unternehmen fällt kreativ und sympathisch auf", so Fischer in seinem ersten Resümee.

▶   Dieses frechmutige Vorgehen kann der Anfang einer emotionalen Verbindung mit der Baloise Group sein.

In diese Kerbe schlägt auch Jeremy Gutsche. Sich in den Köpfen zu verankern und eine emotionale Bindung aufzubauen ist für den kanadischen Trend-Hunter und Bestsellerautor Teil einer Strategie für Erfolg in chaotischen Zeiten.

Urs Engelberger hat es gerade kürzlich wieder getan und gewissermaßen virtuell rote Rosen verteilt. Einem Top-Kundenberater übergab er seine Karte mit der Aufschrift „Toller Job, den Sie da machen! Prima. Ganz ehrlich!" (Abb. 2.3).

Bereits beim zweiten Besuch im Geschäft für hochwertige Herrenschuhe und Accessoires wurde Engelberger mit seinem Name begrüßt. „Diese persönliche Ansprache hat mich, zusammen mit der positiven Ausstrahlung und dem unaufdringlichen, aber wirkungsvollen Verkaufstalent total begeistert. Ein Herzblut-Vertriebler, dieser Mann. Solche Menschen sähe ich gerne bei uns in der Kundenberatung." Keine Stunde später rief der Berater bereits an, die Neugierde ließ ihn den QR-Code auf der Karte umgehend scannen und Engelbergers persönliche Landingpage entdecken. Der Mann war begeistert, auch wenn er aktuell mit seinem Job zufrieden ist und keine Wechselabsichten hegt. Die Saat für ein eventuelles spä-

Abb. 2.3 Karte von Urs Engelberger. (Bildrechte: Baloise/Urs Engelberger)

teres berufliches Zusammenkommen ist jedoch gesetzt und HR hat zudem noch Werbung für die Baloise Group gemacht. HR lädt die Marke auf – und nicht umgekehrt. (Die Begegnung kam Engelberger aber übrigens in ganz anderer Hinsicht teuer zu stehen: Er kaufte zum eigentlich ins Auge gefassten Gürtel und einem Paar Schuhe gleich noch zwei weitere Paar dazu.)

Ich fasse zusammen: Hier begeistert ein alteingesessenes Unternehmen in einer konservativen Branche potenzielle Mitarbeitende auf eine ungeheuer sympathische Weise und stellt die manchmal komplizierte Personalgewinnungswelt galant auf den Kopf. Das in allerbestem Sinne „hands on"-Vorgehen der Baloise Group ist ganz einfach zum Ausprobieren schön!

Abb. 2.4 Rosenkavaliere im Personalmarketing. (Bild: Thomas Aebischer; Der Fotomacher)

To go

- ❶ Raus aus den Amtsstuben und Bürosesseln: werden Sie Recruiting-Charmeur!
- ❶ Verblüffen Sie potenzielle Mitarbeitende und machen Sie sie neugierig.
- ❶ Eignen Sie sich (digitale) Medienkompetenz an.
- ❶ Ob digital oder real: Direktansprache funktioniert nur individuell und mit einer stilvollen Note.

Video al dente: Personalwerbung mit Geschichten

3

„Gesichter sind die Lesebücher des Lebens", philosophierte Federico Fellini. Kein Wunder also, dass ein Pizza und Pasta-Restaurantkonzept in der Personalwerbung Menschen Geschichten erzählen lässt. Wie? Natürlich mit einem Video. Denn kein anderes Medium bringt die Lesebücher des Lebens so anschaulich zu den Zielgruppen. Ein Video lässt Unternehmenskultur lebendig werden, ob auf Karriere-Webseiten oder in Stelleninseraten. Oder noch besser in beiden.

Gut gemachte Videos, die Emotionen auslösen, sind aufwändig und teuer, denken Sie? Blödsinn. L'Osteria zeigt, wie Videos „al dente" gemacht werden.

J. Buckmann, *Personalmarketing to go*, DOI 10.1007/978-3-658-11154-0_3

„Knochenjob am Herd", titelte die *Welt* am 21.4.2014 und schrieb weiter: „Köche in Deutschland haben mit Nachwuchsmangel zu kämpfen." In Deutschland gibt es über 75.000 Restaurants. Diese beschäftigen mehr als 600.000 Arbeitnehmer und suchen händeringend nach Nachwuchs. Und was lese ich da bei einem Unternehmen, das stramm auf Wachstumskurs segelt und in diesem Jahr 800 neue Mitarbeitende sucht?

„Das Wichtigste gleich vorneweg: Wir wollen nicht, dass Du für L'Osteria arbeitest!"

So steht es im Karrierebereich von L'Osteria, einem Unternehmen mit Sitz in Nürnberg und über 40 Filialen. Ein Verschreiber? Oder haben die Verantwortlichen angesichts ihrer ambitiösen Expansionsplänen mit 21 neuen Standorten den Kopf (und womöglich den Verstand dazu) verloren? Im Gegenteil – sie haben das Job-Rezept definitiv im Griff (Abb. 3.1).

Innen beginnen

L'Osteria positioniert sich als familienfreundliches, unkompliziertes und quirliges Unternehmen für Pizza und Pasta. Doch die „Italiener made in Nürnberg" kochen nicht nur gut und erfolgreich, sie machen auch tolles Marketing. Dabei spielen Produkt- und Personalmarketing harmonisch Hand in Hand, wie Marcello Mastro-

Abb. 3.1 Das L'Osteria Job-Rezept. (Bildrechte: L'Osteria)

ianni und Anita Ekberg in Fellinis Kultfilm *La Dolce Vita*. Der Unternehmensauftritt kommt aus einem Guss, darin steckt viel Sprachwitz, Bildstärke, Wortwürze, Buchstabenpfeffer. Hinter den Kulissen wirkt echter Team-Spirit. „Unsere fünf Videos sind ein Gemeinschaftswerk von HR, Marketing und Linie. Zu dritt haben wir zusammen mit einem externen Partner die Idee entwickelt", beschreibt L'Osteria Marketingchefin Sybille Kastler das Vorgehen. Vorbildlich dabei ist, dass das Unternehmen nicht der Versuchung erlegen ist, einfach mit dem Dreh zu beginnen.

▶   Zuerst wurde herausgeschält, was denn das Arbeiten bei L'Osteria ausmacht. Dazu wurden an fünf Standorten 27 Mitarbeitende aus unterschiedlichen Berufen befragt.

Ich bin mir sicher, Ralf Tometschek würde das mit einem für ihn typischen „fein" kommentieren. Für den Markenprofi und Gastautor in meinem Werk *Einstellungssache: Personalgewinnung mit Frechmut und Können* beginnt die Kommunikation der Arbeitgebermarke innen: „Employer Branding ist vor allem das Halten des Versprechens, wer das Unternehmen als Arbeitgeber ist: Einzulösen an allen Kontaktpunkten (...). Nur wer innen beginnt, das Arbeitgeber-Versprechen zu leben, kann nach außen strahlen."

Lust auf Familiengefühl?

Was ist denn nun das Arbeitgeberversprechen von L'Osteria? Was macht das Arbeiten dort aus der Sicht der Mitarbeitenden aus? Es ist der Zusammenhalt, der Team-Spirit, finden diese einhellig. Oder vielleicht sogar noch etwas mehr: Sybille Kastler: „Unsere Umfrage zeigt, dass viele „Osterianer" ihre L'Osteria als so etwas wie eine kleine Familie, als ein zweites Zuhause, wahrnehmen." Dieses Zusammengehörigkeitsgefühl findet sich in den Videos wieder und wird jeweils im Abspann noch einmal verstärkt. Hier ein paar Beispiele für Formulierungen, die sich dort finden:

- Lust auf Familiengefühl?
- Kleine Familie mit großem Herz.
- Zweites Zuhause gefällig?

Das kann zunächst nach typischem Marketingsprech klingen. Doch bei L'Osteria wirkt das alles authentisch, irgendwie stimmig und einfach gut gemacht. Und einfach ist gleichzeitig das Zauberwort für die Jobvideos (zu sehen auf: http://losteria.de/karriere/).

Glaubwürdig, emotional und im positiven Sinne einfach: die Jobvideos

Essen ist Emotion pur. Jobs sind es auch. Schließlich verbringen wir volle acht Jahre unserer Lebenszeit mit unserer Arbeit, wie Forscher errechnet haben (und das ist immerhin bedeutend mehr als die 16 Monate, die wir mit putzen verbringen; oder die neun Monate, die wir uns statistisch gesehen mit unseren Kindern abgeben; immerhin essen wir fünf ganze Jahre lang, was L'Osteria wiederum außerordentlich freuen dürfte). Zurück zu den Emotionen in der Personalwerbung. L'Osteria fokussiert auf ihren starken USP, sie nennen ihn ganz einfach „La Famiglia". Dieser familiäre Umgang wird in den Jobvideos so richtig gut erlebbar. Nicht die Aufgaben stehen dort im Vordergrund, sondern das Gefühl, bei L'Osteria zu arbeiten.

▶   Nennen Sie es von mir aus einen „weichen Faktor" (was natürlich falsch ist, denn bei Dienstleistungen und im HR gibt es kaum etwas Härteres als die vermeintlich weichen Faktoren).

Anyway: Es geht um die Arbeitskollegen. Um die Chefinnen. Um das Miteinander und den Spaß, aber durchaus auch um Hektik und anstrengende körperliche Arbeit. All das wird erlebbar in (fünfmal) eineinhalb kurzweiligen Minuten.

Die schönste Außendarstellung nützt nichts, wenn dadurch angelockte, neue Mitarbeitende dann im Betrieb etwas anderes als das Versprochene vorfinden. Also machte ich den Selbstversuch. Nicht als Pizzabäcker oder Barmann, sondern gewissermaßen als Testesser. Ist um einiges bequemer .... Wobei ich mich weniger auf das sehr wohl leckere Essen konzentrierte, als vielmehr darauf, wie die Mitarbeitenden untereinander umgehen. Und sieh an: Das Verhältnis im Ristorante am Frankfurter Westhafen war an diesem windigen Mittag im Juli in der Tat ausnehmend kollegial, unaufgeregt, hilfsbereit. Adriana, die uns bediente, und ihre Kolleginnen und Kollegen hatten nicht nur für die Gäste ein Lächeln übrig, sondern waren auch untereinander ganz offensichtlich freundschaftlich-kollegial „drauf". (Und übrigens, jetzt doch noch kurz mein Tipp: Die Pizza Salmone ist sehr empfehlenswert.)

Wir zoomen zurück auf die Webseite des Unternehmens und die Jobfilme. Vom Pizzabäcker bis zum Restaurant-Manager: Fünf sympathische Botschafterinnen und Botschafter aus den am meisten benötigten Berufen öffnen in den Videos ein paar Seiten ihres Lebensbuches. Dabei halten sie sich strikt an das Rezept des US-amerikanischen Regisseurs John Cassavetes: „Sagt, was ihr seid. Nicht, was ihr gern wärt, auch nicht, was ihr sein müsstet. Sagt einfach, was ihr seid. Das ist allemal genug." Gelesen, getan. Entscheidend bei der Umsetzung war nicht die perfekte Inszenierung, sondern die möglichst lebensnahe Darstellung des Arbeitsumfelds. Auf die in vielen herkömmlichen Videos gezeigten Interviews wurde verzichtet. Stattdessen bringen Selfies Zeitgeist und Leben in die Bude.

Viel für wenig

Videos sind teuer. Dieses Vorurteil sitzt noch immer tief. Klar, man kann problemlos mehrere zehntausend Euro für ein Video ausgeben. Muss man aber nicht. Für nur ein paar tausend Euro waren die fünf Videos bei L'Osteria schon al dente, Unterstützung durch eine externe Personalmarketingagentur inbegriffen. Gedreht wurde an drei Tagen im Betrieb in München. Die „Berufsmodels" mussten dabei gar nicht erst lange überzeugt werden. Sybille Kastler: „Das war überhaupt nicht schwierig – ganz im Gegensatz zum Dreh im stark besuchten Restaurant während dem normalen Betrieb. Das war manchmal schon ein wenig eng und hektisch." Aber genau dieses „Nicht-Gestellte" gefällt und ist ein wesentlicher Teil der Authentizität der Videos. „Deshalb wurden die Mitarbeitenden auch nicht im Detail gebrieft. Niemand wusste vorher, welche Fragen gestellt werden", sagt Kastler dazu, „dementsprechend natürlich und spontan sind die Aussagen."

Die Filme laufen auf YouTube, sie sind aber vor allem das Herzstück der Karriere-Webseite von L'Osteria. Die Zugriffe darauf sind dank den Videos deutlich angestiegen und die Verweildauer stieg auf fast drei Minuten. In der Folge zogen auch die Bewerberzahlen kräftig an. Bewerberinnen sprachen im Vorstellungsgespräch ungefragt immer wieder von den Videos. Ein starkes Zeichen dafür, dass sich die Stellensuchenden schon vorgängig intensiv mit dem Unternehmen und seiner Kultur befassen.

Videos sind auch Anwalts Liebling

Schön gemacht und nachahmenswert, finde ich. Sie auch? Ach so, Sie sind nicht in der Gastronomie tätig, Ihnen gefallen die Videos zwar, geben aber zu bedenken, dass so etwas in anderen Bereichen, sagen wir einmal für Juristen, um ein Beispiel zu nehmen und einen herrlichen Schachtelsatz zu kreieren, nicht funktioniert? Entschuldigung, diese Ausrede ist zwar charmant, aber ich muss Sie bitten, sich eine andere zurechtzulegen. Die renommierte Zürcher Anwaltskanzlei Walder Wyss Rechtsanwälte wird Sie in weniger als drei Minuten eines Besseren belehren (https://www.walderwyss.com/de/karriere/video).

Und noch ein allerletztes, schönes Beispiel für authentische Videos. Produziert haben es die Azubis von Schöck. Für ihren Arbeitgeber, einen typischen „Hidden Champion" aus der Bauzulieferbranche, hat sich der Berufsnachwuchs gehörig ins Zeug gelegt (https://www.schoeck.de/de/schueler). Resultat: Einblicke „in echt", wie es auf der Homepage zu recht heißt. Junge Menschen führen völlig unaufgeregt durch das Unternehmen und erzählen locker, wie es sich so anfühlt, als Berufseinsteiger bei Schöck zu arbeiten. Versprecher und Lacher inklusive. Auch hier „menschelt" es gehörig. Gut so, denn es genügt nicht, das man zur Sache spricht. Man muss zu den Menschen sprechen. Es war der polnische Lyriker Stanislaw Jerzy Lec, der dies so wunderbar auf den Punkt brachte.

Abb. 3.2 Al dente. (Bild: Thomas Aebischer; Der Fotomacher)

To go

- ❗ Es genügt nicht, dass man zur Sache spricht. Man muss zu den Menschen sprechen. Und Video lässt Menschen zu Menschen sprechen.
- ❗ Videos lassen sich überall leicht einbinden – auf der Webseite und sogar in den Online-Stelleninseraten.
- ❗ Gut gemachte Videos sind Storytelling pur – und Geschichten bleiben haften.
- ❗ Videos sind nicht (mehr) so teuer, wie man denkt.

Perpetuum Mobile: Bewegte Personalwerbung

4

„Im Wagen vor mir fährt ein junges Mädchen, sie fährt allein und sie scheint hübsch zu sein", sang Hans-Bernd Blum, besser bekannt als Henry Valentino, 1977 in seinem Gassenhauer. Warum diesen Hit nicht in einen solchen für die Personalwerbung umtexten? Zum Beispiel: „Im Wagen vor mir wird eine spannende Stelle beworben ... "

Das mag vielleicht etwas holprig klingen. Fakt ist: Millionen Fahrzeuge und somit Tausende von Quadratmetern Werbefläche sind jeden Tag auf den Straßen und im Sichtfeld potenzieller Bewerber unterwegs. Der unablässige Strom von Autos, Bussen, Liefer- und Lastwagen, die nie endende Bewegung auf unseren Straßen, macht die rollende Personalwerbung (zugegebenermaßen mit etwas Fantasie) zum Perpetuum Mobile der Personalgewinnungskanäle. Ihre Fahrzeuge sind einfach und günstig nutzbare Werbeflächen. Mit etwas Charme und Humor bespielt, sorgen sie für viel Aufsehen.

© Springer Fachmedien Wiesbaden 2016
J. Buckmann, *Personalmarketing to go*, DOI 10.1007/978-3-658-11154-0_4

„Rada rada radadadada, rada rada radadadada … " (Die des pädagogisch und lite-
rarisch wertvollen deutschen Liedguts aus den Zeiten meiner Jugend Mächtigen,
bringen diese Buchstabenkombination schon in den richtigen Kontext, alle anderen
tippen sie einfach bei YouTube ein). 53 Millionen Kraftfahrzeuge rollen mittlerweile über Deutschlands Straßen, davon über 44 Millionen Autos sowie etwa
3 Millionen LKW und Busse. In der Schweiz sind es rund 6 Millionen motorisier-
te Fahrzeuge, fast so viel, wie das Land Einwohner hat. Dass Lastwagen Werbung
für das jeweilige Unternehmen und deren Produkte machen, gehört längst zur Nor-
malität. Warum also nicht auch andere Fahrzeuge als rollende Werbeträger für Jobs
nutzen? Ein Wunder, dass dies nicht bereits mehr Arbeitgeber tun.

Groß und günstig

In der Werbung, insbesondere im Print und nun auch im Online-Bereich, hat sich
der Tausender-Kontakt-Preis (TKP) als eine wichtige Messgröße für Werbepreise
durchgesetzt. Er sagt aus, wie teuer die Sichtbarkeit einer Werbemaßnahme bei
1000 Personen der angepeilten Zielgruppe ist. Diese Messgröße lässt sich nicht
eins zu eins auf Fahrzeugwerbung übertragen – zu groß ist der Streuverlust. Trotzdem behaupte ich:

▶   Der Tausender-Kontakt-Preis bei rollender Personalwerbung ist enorm –
    enorm günstig.

Denn auf der Ausgabenseite ist das Investment klein. Die Werbeträger, in diesem Fall die Fahrzeuge, sind Kosten, die ohnehin anfallen. Folien zum Bekleben
der eigenen Fahrzeuge kosten wenige hundert Euro oder, bei Lastwagen, einen
ungefähr vierstelligen Betrag. Und auch die Kosten für Werbung auf Fremdfahr-
zeugen, wie beispielsweise auf Trams oder Bussen städtischer Verkehrsunterneh-
mungen, ist überschaubar.

Öffentlicher Verkehr

Der öffentliche Verkehr in der Schweiz ist eine Wachstumsbranche. Im Großraum
Zürich buhlen viele Transportunternehmungen um zuverlässige und freundliche
Fahrer. Die regionalen Verkehrsbetriebe Baden-Wettingen (RVBW) sind ein klei-
neres Unternehmen mit 200 Mitarbeitenden. Sie umwarben neue Chauffeure im
Umfeld ihrer Busse, wobei der Slogan ebenso einfach wie eingängig war: Ein Job

mit Fensterplatz. Wer hätte das nicht gerne. Dabei nutzten die pfiffigen Aargauer im Februar 2014 nicht nur ihre Fahrzeuge als Werbeträger für visuelle Kommunikationsmittel wie Hängekartons oder Bildschirmwerbung. Die RVBW pflanzten ihre Personalwerbung auch in die Gehörgänge ihrer Fahrgäste: Mit Durchsagen in den Fahrzeugen und an stark frequentierten Haltestellen wie dem Bahnhofplatz gab es für die Zielgruppen zwei Wochen lang immer wieder regelrecht etwas auf die Ohren. Resultat: Viel Aufmerksamkeit und qualitativ bessere Bewerbungen als je zuvor.

Alltagshelden

Wer sich täglich mit den riesigen Bussen durch den Verkehrsdschungel der Großstädte schlängelt, ist durchaus ein Held des Alltags. Dieser Meinung sind die Verkehrsbetriebe in Wiesbaden (ESWE Verkehr), die mit einer crossmedialen Kampagne folgerichtig Helden des Alltags, sprich Busfahrer, ansprechen. Sie tun dies auf eine frische, witzige Art und Weise und mit einem Schuss feiner Ironie. „Verwechseln Sie Langeweile nicht mit Seriosität", rät der zweifache Schweizer Werber des Jahres frechmutigen Personalerinnen. Die Wiesbadener machen vor, wie das geht (Abb. 4.1).

Für die größte Personalwerbekampagne in der Geschichte der ESWE Verkehr wurde „eine ganze Bandbreite an Maßnahmen abgefeuert", so Marketingchef Thorsten Kurz. On- und offline Kanäle wurden geschickt bespielt. Alltagshelden wurden über richtig gut gemachte Stellenanzeigen („Ihre Superkräfte sind gefragt"), mit Google AdWords oder auf den sozialen Medien angesprochen. In der Stadt (Plakate) und an den Kunden-Touchpoints (Roll-ups in den Verkaufsstellen) sorgten weitere Werbemittel für Aufmerksamkeit und selbst die Geschäftskorrespondenz (Briefumschläge, E-Mail Signaturen) wurde für die Personalsuche genutzt. Ein durchdachter Mix, bei dem die „rollende Werbung" eine zentrale Rolle spielt. Fünf Busse fahren mit der Superhelden-Werbung als Eyecatcher durch die Hessische Landeshauptstadt (Abb. 4.2).

▶   Weil ganz vorne im Bus praktischerweise auch gleich ein Botschafter der beworbenen Berufe mitfährt, erhalten die Fahrer ein so genanntes Alltagshelden-Kit.

In der handlichen Box gibt es eine kurze Anleitung, Alltagshelden-Pin und Schlüsselanhänger sowie Flyer und Visitenkarten zur Abgabe an interessierte Fahrgäste. Großartig gemacht.

Abb. 4.1 Alltagshelden der ESWE. (Bildrechte: ESWE)

Abb. 4.2 Alltagshelden Bus. (Bildrechte: ESWE)

Mit diesem Vorgehen denken die Verkehrsbetriebe in Wiesbaden die rollende Werbung konsequent weiter – mit durchschlagendem Erfolg. Thorsten Kurz: „In den ersten fünf Monaten nach dem Start der Alltagshelden-Kampagne konnten wir bereits so viele Bewerbungen verzeichnen wie zuvor in einem ganzen Jahr. Und auch die Qualität der Bewerbungen hat deutlich spürbar zugenommen."

Doch bevor die Lorbeeren eingeheimst werden konnten, waren die Superkräfte von Thorsten Kurz und seinem Team gefragt. Die Geschäftsleitung und die Betriebsräte wollten zuerst überzeugt werden. Der auffällige Auftritt hebt sich wohltuend vom gähnend langweiligen Auftritt der Konkurrenz ab. Das gefällt nicht jedem. Muss auch nicht.

▶   Werden Sie stutzig, wenn ausnahmslos allen Ihre Werbung gefällt.

Kurz hatte mit seiner Überzeugungsarbeit letztlich auch deshalb Erfolg, weil die Kampagne auch eine starke Signalwirkung nach innen hat. Sie stärkt einer ganzen, mit öffentlicher Anerkennung nicht eben verwöhnten Berufsgruppe, mit einer guten Portion Wertschätzung den Rücken. Der Facebook-Post eines Fahrers („Alltagshelden: ich bin einer davon") zeigt, dass die Botschaft auch nach innen schon ganz gut angekommen ist.

Kollege gesucht

In jeder Beziehung gut in Fahrt ist auch der Liftbauer Schindler. Er nutzt die Heckscheiben der Autos seiner Liftmonteure und Servicetechniker für die pointierte, ja geradezu maskuline Botschaft: „Kollege gesucht" (Abb. 4.3).

Das ist eine kaum mehr zu übertreffende Effektivität in der rollenden Personalwerbung. Besonders clever: Weil „Kollege gesucht" durch das fehlende Branding auf dem Aufkleber weniger als Firmenansage und mehr als persönliche Botschaft des Fahrers wirkt, schaffen die beiden Worte viel Aufmerksamkeit und wecken Neugierde. Geschickt wird mit dem Voyeurismus des Betrachters gespielt: Man will sehen, wer denn hier auf diese Weise einen Kollegen sucht. Auf den ersten Blick scheint es für den Betrachter nicht einmal ganz ausgeschlossen, dass sogar der Fahrer selbst die Botschaft aufgeklebt hat, weil die Beschriftung neutral als Schriftbotschaft gehalten und nicht mit dem Firmenemblem verknüpft ist.

▶   Der Fahrer wird durch die Werbebotschaft an seinem Fahrzeug Teil der Personalwerbung. Eine solche Aktion will intern daher sorgfältig kommuniziert werden.

Abb. 4.3 Effektive Personalwerbung

„Ein Aspekt, den wir zu Beginn der Kampagne unterschätzt haben", erinnert
sich Martin B. Wetzel von Sweetspot. Der Experte für emotionales Marketing war
damals als Head Marketing & Communications von Schindler der Kopf hinter der
Idee. „Die Fahrer werden angesprochen und man fragt nach. Auf der Baustelle
fallen da natürlich schon auch mal ein paar anzügliche Sprüche. Das setzt eine hohe
Identifikation mit dem Ziel der Aktion durch die Mitarbeitenden voraus, zumal
diese ihre Fahrzeuge auch privat nutzen. Darum ist das Mitmachen für die Fahrer
auch freiwillig."

Durch den Einbezug der Mitarbeitenden als Botschafter der Arbeitgebermarke und als erste, niederschwellige Informationsquelle für echte Informationen aus
dem Unternehmen, erzielt Schindler eine hohe Glaubwürdigkeit bei potentiellen
künftigen Kollegen. Marketingprofi Wetzel weist auf einen weiteren Aspekt hin.
„Die Botschaft, dass Schindler neue Fachkräfte sucht, signalisiert auch für Außen-
stehende, dass dieses Unternehmen erfolgreich ist. Wer keinen Erfolg hat, sucht
keine Leute. Es ist ganz generell wichtig, dass Personalwerbung mit dem Marken-
image kompatibel ist."

Dieses schöne Beispiel zeigt auf, wie wichtig es ist, Personalwerbung immer
auch auf ihre Wirkung bei den bestehenden Mitarbeitenden zu überprüfen. Sie

muss echt und stimmig sein. Andernfalls werden aus Freunden plötzlich Feinde der Marke. Was Unternehmen nach außen kommunizieren, muss auch nach innen stimmen. Eine der Maximen des Employer Brandings lautet denn auch: Innen beginnen. Genau das haben auch die Personalverantwortlichen des Schweizer Milchkonzerns Emmi getan.

„Ich habe gar nicht gefragt, wir haben das einfach mal so gemacht"

Emmi ist mit über 5000 Mitarbeitenden das größte Milchverarbeitungsunternehmen der Schweiz. Das Unternehmen aus der idyllischen Innerschweiz ist international bekannt für seine Produktinnovationen. Caffè Latte zum Beispiel gehört zu den erfolgreichsten Produktlancierungen in dieser Branche weltweit. Roger Federer und andere Berühmtheiten genossen das trendige Erfrischungsgetränk medienwirksam, heute ist es ein Hingucker im Ski-Weltcup. „Deutlich weniger „Starpotenzial" hatte da das Arbeitgeberimage von Emmi", erinnert sich Natalie Rüedi, Chief Human Resources Officer des Unternehmens. „Wir galten noch vor wenigen Jahren als etwas verstaubt. Dabei sind wir heute auch arbeitsplatztechnisch ein moderner Foodkonzern mit einer starken Schweizer DNA."

Emmi begann vor ungefähr fünf Jahren, getreu der „Innen beginnen"-Devise, ganz gezielt an der Leistungsumgebung der Mitarbeitenden zu arbeiten. Es wurde viel Leidenschaft als auch Geld investiert, und so entwickelte sich viel Positives, wie zum Beispiel die Führungskultur oder die Qualifizierung der Mitarbeitenden. Die Investitionen fruchten offenbar wie ein Lactobacillus im Jogurt. „Ein toller Arbeitgeber", schwärmt ein „Emmianer" auf Kununu. (Mehr über die Arbeitgeberbewertungsplattform Kununu lesen Sie übrigens in *Einstellungssache: Personalgewinnung mit Frechmut und Können* im Beitrag von Kununu-Gründer Martin Poreda auf Seite 115.) „Jetzt sind wir dazu übergegangen auch extern stärker aufzutreten. Die Karriere-Webseite wird aktuell überarbeitet, außerdem arbeiten wir an einer Sourcingstrategie für unsere Schlüsselfunktionen und setzen darin einen Schwerpunkt auf der Berufsbildung." Emmi bringt also ganz schön viel Human Resources – Pferdestärken in die Firma. Und auf die Straße.

Emmi hat nicht nur viele Mitarbeitende, sondern auch einen großen Fuhrpark aus über 200 Last- und Lieferwagen. Die Ladefläche eines 40-Tonners beträgt satte 16 Meter und maximal 4 Meter in der Höhe. Dies macht eine Werbefläche von rund 80 Quadratmetern, und das pro Seite. Auf dem Weg zur Arbeit stand kürzlich so ein Riese direkt neben mir – Personalwerbung mit der ganz großen Kelle, unübersehbar, derb, fast schon brachial. Personalwerbung ohne Umwege,

Abb. 4.4 Personalmarketing in Fahrt. (Bildrechte: Emmi)

mit dem Geradeausblick. Man kann sich dieser effektiven Werbeform kaum entziehen. Sie lässt sich weder umblättern, noch wegzappen oder wegklicken. Und die Umsetzung von Emmi ist erst noch gut gemacht, stimmig und irgendwie passend (Abb. 4.4).

„Die rollende Werbung ist für uns ein Element, um unser Image als gute Arbeitgeberin zu transportieren", sagt Natalie Rüedi und schiebt erfrischend ehrlich nach: „Die Trucks sind weniger Teil einer bis ins Detail ausgeklügelten Kampagne als vielmehr das Nutzen der Gunst der Stunde. Als wir wieder nagelneue Trucks erhalten hatten, hat unser oberster Logistiker daran gedacht diese für die Personalwerbung zu nutzen." Und das Marketing? „Ich habe gar nicht gefragt, wir haben das einfach mal so gemacht." Damit befolgte HR-Chefin Rüedi gleich mehrere Frechmut-Prinzipien: Sie experimentierte mit neuen Werbemitteln, beschritt damit neue Wege und schaffte durch ihr Vorgehen Tatsachen. Denn mit jeder Frage zu viel steigt das Risiko, dass jemand nein sagt.

„Schaffen Sie einfach unwiderrufliche Tatsachen, wenn Sie von Ihrer Idee überzeugt sind", rät denn auch Frechmut-Aktivist Hans-Christoph Kürn in einem seiner fünf Frechmut-Tipps. Mit Marketingchef Robin Barraclough versteht sich Natalie Rüedi übrigens nach wie vor bestens.

Wimmelbus

► Wenn die Zielgruppen nicht zu einem kommen, dann muss man halt zu ihnen fahren.

Dies dachte sich Michael Witt, Recruiter bei der Voith Industrial Services mit 20.000 Mitarbeitenden. Eine Zahl, die in Deutschland noch immer als „Mittelstand" durchgeht und in unserer kleinen Schweiz für die Gilde der ganz Großen gereichen würde, worüber ich immer wieder, fast wie ein Kind im Franz Carl Weber, staune (was jetzt wiederum meine deutschen Leserinnen nicht verstehen, aber dafür gibt's ja Google). Nun, zurück zum Thema beziehungsweise auf die Straße. Denn genau dahin schickt Voith seinen Azubi-Bus. Mit ihm demonstrieren Michael Witt und seine Kollegen in und um Ingolstadt, was Voith jungen Talenten im handwerklichen Bereich zu bieten hat. Ansprechen wollen die Industriedienstleister vor allem Elektronikerinnen und Elektroniker und nutzen dazu das Stilmittel des „Wimmelbildes", in dem es von einzelnen Bildern nur so „wimmelt". Diese zeigen den Werdegang eines Auszubildenden vom Schulabschluss bis hin zur Bewerbung bei Voith. Sieht wirklich toll aus, finde ich (Abb. 4.5).

Abb. 4.5 Wimmelbus mit QR-Code. (Bildrechte: Voith)

Michael Witt macht gute Erfahrungen mit seiner Art der rollenden Werbung: „Wir haben deutlich mehr Bewerbungen bekommen als die Jahre zuvor. Einzelne Lehrberufe konnten wir sogar zum ersten Mal überhaupt besetzen. Und bei den Elektronikern denken wir wegen der gestiegenen Nachfrage sogar darüber nach, zusätzliche Lehrstellen zu schaffen. Von der konkreten Stellenbesetzung abgesehen hat sich der Bus in der Region fast schon als eine Art ‚Markenzeichen' der Voith Ausbildung etabliert. Für unsere Ausbildner ist er im Kontakt mit Schulen, Handwerkskammern und anderen Institutionen ein wertvoller Türöffner und hat sich zu einer eigentlichen Networkingplattform entwickelt."

Fahrzeugwerbung hat also durchaus das Potenzial zum Hit. Erfolgsentscheidend dabei ist, dass die Komposition stimmig ist, dass also die Fahrzeuge und deren Lenker/-innen das gewünschte Image mit beeinflussen. Und weil Werbung im Straßenverkehr auf den Punkt kommen muss, ist sie gewissermaßen der Anlasser – der Funken muss dann auf einer informativen und emotionalen Karriere-Webseite zünden.

Abb. 4.6 Wertvolle Fracht. (Bild: Thomas Aebischer; Der Fotomacher)

To go

❶ Fahrzeuge sind auffällig günstige Werbeträger, auch für Jobs.

❶ Die Mitarbeitenden – und nicht nur jene hinter dem Steuer – sind Teil der rollenden Werbung und wichtige Botschafter.

❶ Rollende Werbung muss „groß" – Details gehören ins Netz und nicht auf die Straße.

„Einen Kaffee, die Zeitung und einen Job to go bitte" – Personalmarketing offline

5

Glück gehabt, wenn Sie auch im Zeitalter des Online-Shoppings noch über eigene, physische Verkaufsstellen verfügen. Denn diese sind für Personalwerbung geradezu prädestiniert. Was liegt näher, als dort, wo die freien Stellen sind, auch den Nachwuchs anzusprechen?

Aber auch andere Außenflächen sind interessant. Fassaden, Schaufenster oder gar die Gehsteige vor dem Firmensitz können für die Personalwerbung einfach und kostengünstig genutzt werden.

© Springer Fachmedien Wiesbaden 2016
J. Buckmann, *Personalmarketing to go*, DOI 10.1007/978-3-658-11154-0_5

Wissen Sie eigentlich, welchem Mann in Berlin die meisten Denkmäler gewidmet sind? Keinem Kaiser oder König, sondern Ernst Litfaß mit seinen vielen Litfaß-Säulen.

Berlinerinnen oder Berliner kennen diesen Kalauer möglicherweise noch, vielleicht sogar auch den liebevollen Übernahmen für Litfaß: Den Säulenheiligen. Der „König der Reklame" liegt heute in einem Ehrengrab in Berlin Mitte. Schon damals, im 19. Jahrhundert, hatte Berlin ein Problem mit dem, was man heute wohl Littering nennen würde. Mehr oder weniger wichtige Bekanntmachungen wurden damals einfach an die nächstbeste Wand gekleistert. Das Geld war knapp und für Zeitungen hatten viele kein Geld. Dank seiner Hartnäckigkeit erhielt Ernst Litfaß am 5. Dezember 1854 die Genehmigung zur Aufstellung einer „Annoncier-Säule" und ein Monopol für vorerst 10 Jahre. Dafür verpflichtete er sich, nicht nur Reklame, sondern auch die neuesten Nachrichten zu publizieren. Die Geburtsstunde der Plakatsäule war somit gewissermaßen auch diejenige der Zeitung armer Leute.

Noch heute sind Litfaß-Säulen selbstverständlicher Teil des Berliner Stadtbildes, über 1000 sind es auch heute im Internetzeitalter immer noch. Dort zu werben, wo sich die Menschen aufhalten, funktioniert unverändert. Davon zeugen auch einige schöne Personalmarketingbespiele.

Stromer gesucht

Bruno Hauser ist in Zürich bei den kantonalen Elektrizitätswerken (EKZ) zuständig für die Personalwerbung. Er nutzt die Gehwege und Eingangsbereiche vor den rund 35 Standorten, um auf die Mangelberufe „ElektroinstallateurIn und MontageelektrikerIn" aufmerksam zu machen. Hauser verwendet für diese zukunftsträchtigen Berufe liebevoll den im Schweizer Volksmund geläufigen Titel „Stromer" und die guten alten Klapp-Stelen als Werbemittel. Das klingt in Zeiten von Social Media und Customer Experience nicht gerade aufregend, schafft aber bei Laufkundschaft und Passanten Aufmerksamkeit zu sensationell tiefen Kosten. Der Einsatz: Wenige hundert Franken pro Standort (Abb. 5.1).

Hauser ist denn auch angetan von dieser Werbeform, auch wenn seine Elektrizitätswerke von Laufkundschaft nicht gerade überrannt wurden. Bruno Hauser: „Der Rücklauf hielt sich in Grenzen, wobei wie bei anderen Bewerbungen auch nicht wirklich klar ist, wo genau der Erstkontakt entstand. Mir ist es wichtig, dass wir mit ganz einfachen und gezielten Aktionen genau da auftreten, wo sich unsere potentiellen neuen Mitarbeitenden bewegen und die Hürde für den Erstkontakt möglichst tief gehalten wird. Wenn ich im Vergleich zu den anderen Maßnahmen

Abb. 5.1 Bruno Hauser sucht Stromer. (Bildrechte: Bruno Hauser, EKZ)

die geringen Kosten für diese Werbeform betrachte, dann würde ich sie durchaus als Geheimtipp bewerten."

Also, warum stellen Sie nicht einfach so einen Werbeständer vor Ihr Firmengebäude? Ach so, die Gewerbeaufsicht? Kalkulieren Sie die erste Geldbuße doch einfach in Ihr Budget ein und schauen Sie, wie lange es geht, bis Ihr „Irrtum" auffällt. Das ist Frechmut.

Außenwände

Auch Außenwände und Fassaden lassen sich für Werbebotschaften in Sachen Recruiting nutzen. Der Markt ist ausgetrocknet, die Bandagen entsprechend hart. Der „war for talents" ist auf dem Land angekommen. Die Mittel im Kampf um den Nachwuchs sind bisweilen etwas zweifelhaft. So wirbt ein Schweizer KMU unweit von meinem Zuhause mit einer sehr freizügig posierenden jungen Frau, die man(n) beim besten Willen nicht gerade reflexartig als „Haustechnikerin" identifizieren würde, um (wohl männlichen) Berufsnachwuchs.

▶   Auffallen ist gut, aber nicht um jeden Preis. Erotik hat definitiv nichts in der Personalwerbung verloren.

Das überlassen Sie besser den Produzenten von Automobilzubehör, Zigarettenfirmen und Veranstaltern von Tuningmessen.

Da gefällt das Beispiel des *Berlin, Berlin* (heißt wirklich so) weit besser (Abb. 5.2). Und die Verkehrsbetriebe Zürich buhlen mit einem einzigen Slogan („Wann steigen Sie ein?") gleichzeitig um zwei Zielgruppen: um umsteigewillige Autofahrer und ebensolche Talente (Abb. 5.3).

Abb. 5.2 Fällt auf: Riesenposter am Hotel Berlin, Berlin

Abb. 5.3 Riesenposter
bei den Verkehrsbetrieben
Zürich

Personalwerbung am POS: Einfach, nah und kleine Preise

Den Discounter Denner gibt es seit 1965, er ist der drittgrößte Schweizer Le-bensmittel-Detailhändler. Denner betreibt 500 Supermärkte mit fast 4000 Beschäf-tigten. Die Verkaufsstellen sind für die Personalmarketingverantwortliche Sylvie Hofstetter ein naheliegender Vertriebskanal für Stellenangebote. „Wir nutzen un-sere Filialen für die Lehrlingswerbung, aber auch sehr gezielt, wenn in einzelnen Filialen Bedarf besteht. So wie kürzlich in Biel, wo wir Filialleiter/-innen suchten. Der Kassenbereich bietet sich als Werbezone geradezu an. Man kann beim Warten an der Kasse sogar der künftigen Arbeitskollegin einen kurzen Moment bei der Arbeit zusehen." (Abb. 5.4).

Hochglanzpersonalmarketing muss also nicht sein. Die auf den Kern reduzierte Werbebotschaft reicht aus. Ganz im positiven Sinne typisch Denner. Der Discoun-ter steht nämlich – so sein Markenversprechen – für *einfach*, *nah* und *kleine Preise*. Dazu passt das Vorgehen perfekt. Und es funktioniert erst noch. Sylvie Hofstetter: „Das abgebildete Plakat hat zum Beispiel in unserer Bieler Filiale wunderbar funk-tioniert – die Mitarbeiterin, die wir angestellt haben, fühlte sich beim Einkaufen vom Inserat angesprochen und zur Bewerbung motiviert." Wunderbar, finde ich. Warum kompliziert, wenn es auch einfach geht?

Abb. 5.4 Plakat in der Dennerfiliale in Biel. (Bildrechte: Denner AG)

Sandwich, Tiefkühlpizza und Jobs

Personalwerbung genau dort platzieren, wo es auch freie Stellen hat: Praktischer geht es nicht.

►   Werbung an Verkaufsstellen zu machen, ist im wahrsten Sinne naheliegend.

Oft reicht ganz einfach ein A4-Blatt, um auf wenigen Quadratzentimetern maximale Aufmerksamkeit zu erreichen, wie das Beispiel aus Berlin zeigt. Gerade das Beispiel der Backkette Le Crobag zeigt, wie Effizienz in der Kundenansprache funktioniert. Der Begriff „Personalmarketing to go" ist kaum irgendwo so zutreffend wie hier (Abb. 5.5).

Zurück in die Schweiz. Auch andere Großverteiler nutzen ihre eigenen Verkaufskanäle für die Personalwerbung, wie ich kürzlich bei ALDI SUISSE am eigenen Leib erfuhr, als ich gedankenverloren und in Vorfreude auf den Genusses meiner soeben erstandenen Tiefkühlpizza, fast einen „Papp-Lehrling" umrannte (Abb. 5.6).

Abb. 5.5 Job to go

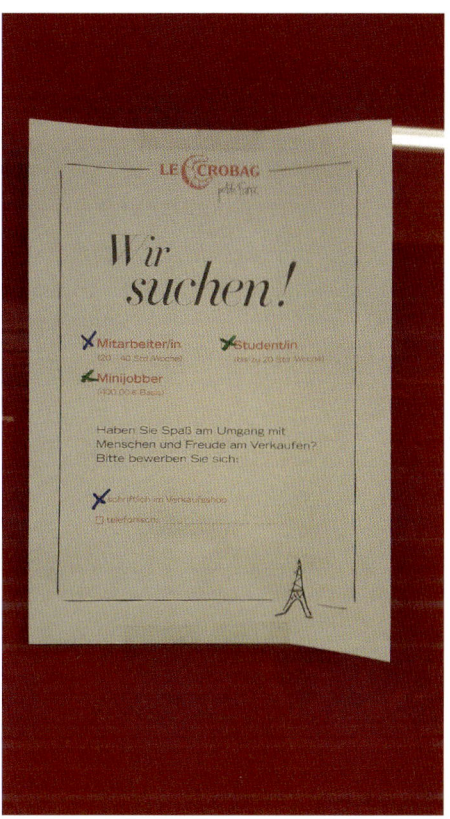

Die Lehrlingswerbung des Schweizer Ablegers des deutschen Detailhandels-giganten fällt in der Tat auf. ALDI SUISSE bildet in der Schweiz über 150 junge Menschen aus. Im Eingangsbereich von Filialen werben lebensecht wirkende „Papplehrlinge" (man möge mir diesen Ausdruck verzeihen) für die Berufslehre im Detailhandel bei ALDI. Am Point of Sale neugierig gemacht, erfahren junge Interessenten dann zu Hause, über eine vorbildlich informative Karriere-Webseite, alle wichtigen Details und können sich in aller Ruhe informieren, unter anderem auch über die Löhne. Personalwerbung in den ALDI-Filialen – eine gut gemachte „Verlängerung" des Einkaufserlebnisses.

Roland Keller ist Leiter HR von ALDI SUISSE in der Schweiz. Die Werbung direkt vor Ort am Point of Sale ist für ihn wichtig. „Wir erreichen mit unseren

Abb. 5.6 Lehrlings-
werbung in einer ALDI
SUISSE Filiale. (Bildrechte: ALDI SUISSE)

lebensgroßen Kartonstellern nicht nur unsere eigentliche Zielgruppe, Schüler, sondern auch wichtige Multiplikatoren, in erster Linie natürlich deren Eltern, die bei
uns einkaufen. Und zwar in einem Umfeld, in welchem sie nicht unbedingt mit
Personalwerbung rechnen. Von diesem ‚Verblüffungsfaktor' profitieren wir." Auch
Keller kann nicht genau beziffern, was die Werbung in den Filialen an konkreten Bewerbungen bringt. „Bei der Frage des wirklich ersten Kontaktpunktes der
Bewerbenden mit Aldi tappen auch wir ein Stück weit im Dunkeln. Wir wissen
aber, dass die bei den lebensgroßen ‚Kartonlehrlingen' aufliegenden Ausbildungs-
broschüren Beachtung finden und mitgenommen werden. Ich bin so oder so davon
überzeugt, dass das Preis-Leistungs-Verhältnis dieses Kanals sehr interessant ist",
bestätigt er.

Abb. 5.7 Zeitung, Kaffee und vielleicht auch Job to go. (Bild: Thomas Aebischer; Der Fotomacher)

To go

- ❗ Gemeinsam statt einsam: Spannen Sie mit den Kolleginnen von der Kommunikation oder dem Marketing zusammen.
- ❗ Demonstrieren Sie Ihre tollen Jobs und gehen Sie für diese auf die Straße.
- ❗ Ihnen fehlt die zündende Idee? Schreiben Sie doch einfach „unsere Jobs to go" auf Ihre Ständer oder Plakate.

Persönlich werden – die richtigen Bilder im Recruiting einsetzen

6

Gewisse Fotos in der Werbung um real existierende Menschen, sprich in der Personalwerbung, schlagen mir auf den Magen. Genauso wie „Magenbrot" (eine typische Kirmesspezialität aus Honig, Zucker, Kakao und verschiedenen Gewürzen). Und ich denke an Zarin Katharina die Große – mehr davon etwas später.

Grund für meine temporären Beschwerden sind die grauenhaften Fotos aus Bilderdatenbanken, die abwechslungsweise ein tolles Team, gute Zusammenarbeit oder was zum Teufel auch immer suggerieren wollen – und dabei kläglich scheitern.

© Springer Fachmedien Wiesbaden 2016
J. Buckmann, *Personalmarketing to go*, DOI 10.1007/978-3-658-11154-0_6

Er war ihre Zwillingsseele, das Täubchen und manchmal auch ihr Löwe des Dschungels: Fürst Grigori Alexandrowitsch Potemkin war viele Jahre Günstling, Einflüsterer, Vertrauter und Angehimmelter von Zarin Katharina der Großen. Als diese 1787 mit ihrer Entourage auf Inspektionsreise in die von Gouverneur Potemkin regierten Provinzen am Schwarzen Meer aufbrach, wurde ihr unterwegs die angeblich so fortschrittliche Entwicklung von Neurussland mit speziell für die vorbeirauschende Kolonne erstellten Hausfassaden, ja sogar ganzen Dorfattrappen, vorgetäuscht.

In Tat und Wahrheit sind nicht die Fassaden, sondern die Geschichte falsch. Denn der exzentrische Potemkin war ein geschickter Staatsmann und vor allem ein sehr fähiger Baumeister, wovon man sich noch heute in Teilen Russlands und der Ukraine überzeugen kann. Ungeachtet dessen hält sich die Legende der Potemkinschen Dörfer bis heute als ein beinahe amüsantes Synonym für leere Versprechen, und die Vorspiegelung falscher Tatsachen. Der arme Potemkin wird in einem Atemzug mit Blendern und Hochstaplern genannt.

►   Die Potemkinschen Dörfer in der Personalwerbung heißen „Stockbilder".

Glauben Sie mir: Diese Bilderlager sind nicht schön und gemütlich. Nein. Es sind ganz düstere Hinterzimmer, feuchte Keller, klapperschlangenübersäte Erdhöhlen. Definitiv nichts Schönes. Ich weiß, die Realität ist eine andere, aber ich schreibe furchtlos dagegen an. Ich kann es einfach kaum glauben, dass diese aalglatten Fassaden auf Jobportalen und Stelleninseraten ungeachtet des schier endlos heruntergebeteten Mantras der Authentizität so ungemein standfest sind.

Stockbilder sind Schockbilder

Bitte schließen Sie die Augen und stellen Sie sich folgende Situation vor (im Idealfall suchen Sie sich zuvor jemanden, der Ihnen die folgenden Zeilen vorliest …):

Ich sehe einen Tisch aus Glas, blankpoliert. Ebensolche Gläser, unbenutzt und gefüllt mit Wasser so durchsichtig wie Luft. Zwei Männer, Anzug und Krawatte, gedeckte Farben. Die Hemden komplett faltenlos. Beide etwa Mitte dreißig. Ich sehe auch zwei Frauen, beide im korrekten Deux-Pièce, ebenfalls um die Dreißig, vielleicht auch leicht darunter. Die Frisuren sitzen perfekt. (An dieser Stelle möchte ich eine Variation nicht unerwähnt lassen: Eine der Personen ist nämlich wahlweise schwarz oder Asiate – man ist ja weltoffen und das Thema Diversity wird großgeschrieben.) Sie alle starren auf einen Laptop, er steht auf dem Tisch, kein Stromkabel. Kein Blatt Papier, keine Akten trüben das Glück der Vier. Kein

Wunder, blitzen ihre blendend weißen Zähne und alle lächeln glücklich. Das Foto ist in einem leicht bläulichen Ton gehalten.

Bei der Schilderung eines dieser typischen Beispielfotos (das ich hier aus Urheberrechtsgründen nicht zeigen darf und, weil unzumutbar, sowieso nicht zeigen will), läuft es mir kalt den Rücken runter. Es ist immer wieder grauenhaft, dabei bin ich diesen puppenhaften Menschen bestimmt schon hundertfach auf irgendwelchen Webseiten begegnet. Sie können, nein Sie müssen vermutlich zustimmend nicken. Es ist furchtbar: Man möchte eine Tätigkeit, einen Aspekt der Unternehmenskultur, das Zusammenarbeiten von Menschen oder das gemeinsame Entwickeln spannender Projekte, die interdisziplinäre Zusammenarbeit oder was zum Teufel auch immer anschaulich machen – und zeigt bessere Schaufensterpuppen.

▶ Die Beispielbilder (der Name ist ja schon schrecklich) zeigen Menschen mit der Ausstrahlung einer Barbie-Puppe.

Leider muss ich nicht lange nach Beispielen suchen. Ich denke da spontan an eine große Schuhkette mit Dutzenden von Filialen in der Schweiz, die potenzielle Schuhverkäuferinnen mit einem Stockphoto im typischen hellblau und einer kalten, büroähnlichen Situation empfängt. Oder an einen großen Telekommunikationsanbieter, welcher bis vor kurzem die Informationen für Auszubildende (Zielgruppe: 13–16 jährige) mit Hilfe eines bärtigen Mittvierzigers veranschaulichte. Eine kaum zu überbietende Gleichgültigkeit gegenüber den, angeblich ja so umworbenen, Talenten.

Dabei ist Abhilfe so einfach zu schaffen, so günstig und vermutlich sogar schneller, als den erfolgreichen Download der Fotos hinter sich zu bringen: zwei oder drei Arbeitskolleginnen fragen. Smartphone zücken. Foto hochladen und mit Namen versehen. Fertig! Bitte kommen Sie mir nicht mit Ausreden und schon gar nicht mit den Gähn-Sprüchen von wegen Datenschutz und anonym bleiben. Ich habe ja nicht gesagt, Sie sollten die Fotos heimlich schießen.

Stockphotos, also Bilder aus dem riesigen Lager der Bilderdatenbanken, passen etwa so gut in die Personalwerbung wie Caramelsirup in richtig guten Kaffee. Man kann es sich eigentlich sehr gut merken: Stockphotos, die Menschen und ihre Tätigkeit oder den Umgang untereinander symbolisieren sollen, gehören in der Personalwerbung verboten!

Von Nina A. und Jürgen Z.

In den Verdacht einer Potemkinschen Rauchpetarde, wenn auch in die Kategorie „light", rücken auch die abgekürzten Nachnamen. Ja, es gab mal einen Oli P. und ja, der landete mit dem Grönemeyer-Song „Flugzeuge im Bauch" einen Hit. Wirklich eine schöne Cover-Version. Doch Cover-Versionen sind im Personalmarketing verpönt und die unsägliche Abkürzung des Nachnamens ist genauso eine Eintagsfliege wie die musikalische Karriere des Schauspielers Oliver Alexander Reinhard Petszokat. Abgekürzte Namen sind so eine Art Scheinauthentizität und lassen bei den Zielgruppen definitiv keine Flugzeuge im Bauch starten.

▶   Wenn Sie also einen kleinen Einblick in Ihr Unternehmen bieten wollen und dazu sinnvollerweise Ihre besten und glaubwürdigsten Botschafter zu Wort kommen lassen, dann nennen Sie Ihre Mitarbeiter so, wie Sie sie auch im Alltag nennen – bei vollem Namen.

Bitte merken Sie sich darum zweitens: Es gibt keine halbe Portion Authentizität. Und ein bisschen persönlich sein reicht nicht!

Wenn ich Sie nun noch immer nicht überzeugen konnte, dann versuche ich es auf die brachiale Tour, nett verpackt in einen dritten Tipp: Passen Sie bloß auf, wenn Sie Stockbilder verwenden oder gar klauen – die Abmahnindustrie hat Sie schon im Visier!

Ich habe vor Jahren einmal über eine zauberschöne Aktion von VW Financial Services gebloggt. Diese bewarben eine Veranstaltung für IT-Cracks mit einem Plakat, das einen Reiter im Businessanzug auf einem Pferd zeigte, der (welch Zufall) seinen Kopf zu einem roten VW-Golf wandte. Das sah dann, im allerweitesten Sinne, so aus wie in Abb. 6.1.

Ich schrieb darüber, zeigte das dazugehörige Bild der Anzeige und bekam Post. Aus London wurde mir von einer Bildagentur in einem mehrseitigen Schreiben beschieden, ich hätte ihre Rechte am Bild verletzt. Der Reiter war nämlich in das Bild hinein retuschiert. Die VW-Banker und ihre Agentur hatten sich korrekt verhalten, die Bildrechte für den Reiter zeitlich befristet erworben. Ich selber verfügte nicht über die entsprechende Lizenz, um das Bild, selbst im Kontext des Blogbeitrags, zu verwenden. Mein Fluchen in bestem Schweizerdeutsch konnte auch nicht überzeugen, ich zahlte, wenn auch eine anständig heruntergehandelte Summe. Seit diesem Zeitpunkt zücke ich immer wieder mein Smartphone, auf dem ich mir eine veritable Datenbank mit „Beispielbildern" angelegt habe, die ich dann verwende. Die sind rechtlich unbedenklich und geben den Beiträgen erst noch einen persönlichen Touch.

Abb. 6.1 Aufgepasst bei der Bildnutzung. (Bildrechte: Aldona Kaczkowski und Jörg Buckmann)

Wie Sie Ihre Mitarbeitenden vor die Kamera holen

„Vor den Sendungen war ich immer aufgeregt. Vor allem vor Live-Sendungen mutierte der Puls zum Gipfelstürmer. Ich zupfte intensiv an der Frisur (damals noch im angesagten Föhn-Look) und am Krawattenknopf herum, bis beides schließlich arg zerzaust war. Oder ich übte in einer stillen Ecke zum x-ten Mal meine Moderationstexte, die ich allerdings seit Tagen längst auswendig konnte. Aber: Sobald wir auf Sendung waren, war die Nervosität wie weggeblasen." Das sagt Marco Stöcklin, TV-Urgestein und ambitionierter Freizeitmusiker, selber während Jahrzehnten vor und hinter der Kamera aktiv (Abb. 6.2).

Stöcklin war zuletzt Unterhaltungschef beim Schweizer Fernsehen, heute arbeitet er als Texter/Ghostwriter und als Medien-/Kommunikations-Coach. In seiner Zeit beim Schweizer Fernsehen sah Stöcklin, wie selbst Größen der Unterhaltungsindustrie vor ihrem Auftritt vor der Kamera litten. „Die einen rauchten kurz vor ihrem Auftritt fast ein ganzes Päckli Zigaretten. Andere gingen etwa 20-mal zur Toilette. Wiederum andere machten Atemübungen, bis sie beinahe in Ohnmacht fielen. Ein Bundesrat trank in der Maske, also beim Pudern des Gesichts, in drei Minuten eine ganze Flasche Weißen." Doch Angst ist nicht angebracht. „Man sollte das Ganze nicht dramatisieren, denn so schwer ist's schließlich ja auch wieder nicht. Man soll die Herausforderung mit einer positiven, ja sogar lustvollen Einstellung annehmen. Ein Videodreh ist eine neue, spannende Erfahrung, die letztlich auch so richtig Spaß machen kann", macht Fernsehprofi Stöcklin Mut.

Abb. 6.2 Marco Stöcklin,
früherer Unterhaltungs-
chef Schweizer Fernsehen.
(Foto: Eric Bachmann)

Die Verkehrsbetriebe Zürich setzen für die Bewerbung ihrer freien Stellen seit über drei Jahren auf Videos und auf ihre Führungskräfte, die sich darin bei ihren künftigen Mitarbeitenden bewerben. Über 140 Vorgesetzte standen schon vor der Kamera. Und auch sonst lassen die Zürcher für ihre Personalwerbung am liebsten Menschen zu Menschen sprechen. Aus diesen Erfahrungen lassen sich fünf Tipps herauskristallisieren, wie auch Sie Ihre Mitarbeitenden vor die Kamera holen können – und so die anonymen Dauergrinser endgültig aus Ihrer Personalwerbung verbannen.

1. Überlegen Sie genau, welche Botschaft Sie kommunizieren wollen und bei wem sie ankommen soll.
2. Suchen Sie sich mit Hilfe von Abteilungsleiterinnen oder Personalverantwortlichen gezielt passende Ambassadoren, welche die Botschaft glaubwürdig verkörpern. Achtung: Wenn Sie breit suchen, zum Beispiel über ein internes Casting, laufen Sie Gefahr, dass die nicht zum Zuge gekommenen Mitarbeitenden enttäuscht sind und bei künftigen Projekten nicht mehr mitmachen.
3. Erklären Sie in Ruhe, worum es geht, warum Sie mit Video (oder Bildern) arbeiten und warum Sie genau auf die ausgewählte Person gekommen sind. Am besten machen Sie das entspannt bei einem Kaffee oder im Rahmen einer Einladung zum Lunch in Ihrem Betriebsrestaurant. Ein bisschen Leidenschaft und Verkaufsflair können dabei ebenfalls nicht schaden.
4. Wecken Sie die Lust bei der ausgewählten Person, etwas Neues zu entdecken und auf ein vielleicht ein- oder mindestens erstmaliges Abenteuer.
5. Garantieren Sie, dass Ihre Ambassadorin oder Ihr Ambassador das fertige Produkt als erste Person sieht – und sie danach ohne jegliche Folgen die Ausstrahlung ablehnen kann, wenn sie das Resultat nicht vollumfänglich überzeugt.

Noch mehr Tipps von Fernsehprofi Marco Stöcklin gibt es im Beitrag „Keine Angst vor dem Jobvideo": http://bit.ly/1GfLaXo.

Einblicke hinter die Kulissen eines Videodrehs bei den VBZ finden Sie in diesem Beitrag – ein bisschen Schweizer Sprachfolklore inklusive: https://www.youtube.com/watch?v=Rd4pb1k2iu0.

Also, wir halten fest: Personalwerbung heißt nicht zufällig so. *Personal*, oder eben persönlich heißt das Zauberwort. Werben Sie mit richtigen Menschen um richtige Talente. Alles andere ist unglaubwürdig.

Geht ja!

Listen sind ja in Mode. Da will ich nicht außen vor bleiben. Hier zehn gute Beispiele von Seiten, die mit persönlichen Bildern realer Menschen überzeugen:

1. Tibits. Passenderweise jeweils mit Lieblingsspeise. Mmhhh ...
   https://www.tibits.ch/de/about/team.html
2. Dachcom. Mit kreativen Miniclips.
   http://www.dachcom.com/ueber-uns/team/

3. Asag. Auto- bzw. Garagenbranche. Unprätentiös, aber informativ.
   http://www.asag.ch/de/standorte/basel-gellert/unser-team.html
4. Szena, les coiffeurs. Schön und alles andere als an den Haaren herbeigezogen.
   http://www.szena.ch/unser-team-szena-les-coiffeurs-zuerich-ihr-top-aveda-coiffeur-in-zuerich.html
5. Lionheart Kommunikationsagentur. Mit toller Grafik und dem durchschnittlichen Verbrauch von Arabica-Bohnen. *lol*
   http://lionheart.ch/agentur/
6. Hochspannung. Eine Kommunikationsagentur macht ihre Teamvorstellung spannend.
   http://www.hochspannung.ch/about/team
7. Behmen Holding. Ein Dienstleister im eher verschwiegenen Versicherungs-, Treuhand- und Immobiliensektor zeigt, dass Transparenz in allen Branchen wichtig ist.
   http://www.bcgag.ch/versicherungen-und-vorsorge/unser-team4/unser-team.htm
8. Hamilton. Biotechnologie aus den Schweizer Bergen. Ein Hidden-Champion mit einem Weltklasse-Auftritt.
   http://jobs.hamilton.ch/arbeiten-bei-hamilton/was-wir-bieten/
9. Der Helvetia-Blog: Auf dem Blog des Versicherers menschelt es gewaltig – über 60 jobrelevante Stories:
   https://www.helvetia.com/ch/blog/de/overview.category.work@helvetia.html
10. Die Stellenanzeigen der SBB sind eine Augenweide. Informativ, klar strukturiert und mit vielen „echten Bähnlern". So macht's Spaß.
    www.sbb.ch/jobs

Abb. 6.3 Unpersönliche Werbung ist kalter Kaffee. (Bild: Thomas Aebischer; Der Fotomacher)

To go

- ❗ Bilder aus Bilderdatenbanken gehören in der Personalwerbung verboten.
- ❗ Wenn Sie Mitarbeitende zeigen wollen (ja, tun Sie das!), dann Richtige: Ihre. Welche denn sonst?
- ❗ Geschriebene Vorzüge sind erst einmal mehr oder weniger leere Versprechen. Von realen Mitarbeitern erzählt werden sie glaubwürdig und nachprüfbar.
- ❗ Die Mitarbeitenden einfach fragen und zum Mitmachen überzeugen. Ist einfacher, als man denkt.

Personalmarketing mit Blaulicht – und Humor

7

„Drah di net um, schau schau der Kommissar geht um", warnte 1982 der Ur-Vater aller deutschsprachigen Rapper Falco. Schöne Zeiten – offenbar gab es damals Vollbestand bei der Polizei. Heute müssen die Polizeikorps in fast ganz Europa schauen, dass sie genügend Nachwuchs haben. Dazu lassen sie sich so richtig etwas einfallen: Pfeffersprays. Zwielichtige Privatdetektive. Bekannte TV-Ermittler. Fast jedes Fahndungsmittel ist recht.

Wer auf langweilige Personalwerbung steht, erlebt hier einen kalten Entzug. Personalwerbung mit Blaulicht ist oft so unauffällig wie ein Dromedar im Flohzirkus. Sie fällt auf. Das war schon früher so, wie ein Ausflug in die 1960er Jahre zeigt.

© Springer Fachmedien Wiesbaden 2016
J. Buckmann, *Personalmarketing to go*, DOI 10.1007/978-3-658-11154-0_7

Erfolgreiche Großfahndung nach neuen Polizeitalenten

Definitiv den Dreh raus in Sachen Fahrzeugwerbung haben die Blaulichtorganisationen, vor allem die Polizei. So fahnden in mehreren Städten die sowieso schon auffälligen Polizeifahrzeuge nach Polizeinachwuchs. Dabei gehen sie schon mal ziemlich gewagte Werbetextpfade, um für sich zu werben. So hat es der Slogan der Kantonspolizei des kleinen, katholisch-konservativen Kantons Schwyz bis in die Onlineportale und in die gedruckten Ausgaben der großen Zeitungen geschafft. Der Slogan „Fehlt Deinem Leben die Würze? Wir haben die Lösung!" war dann in Verbindung mit dem Bild eines Pfeffersprays einigen doch zu viel des Guten. Ich selber nenne es Sinn für Ironie und wohltuend frechmutig.

Auch die Kollegen der Stadtpolizei Zürich nutzen ihre Fahrzeuge als Werbeträger. Eine der Werbebotschaften: „Bezahlte Stadtrundfahrt." Mein Favorit, groß auf die Heckscheibe aufgemalt, ist jedoch in Abb. 7.1 zu sehen.

Ziemlich souverän-lässig, finde ich. Dabei sind die Schwyzer und Zürcher in der Nutzung ihrer Dienstfahrzeuge als Werbeträger nicht allein. Auch die Polizei in Basel („Die Basler Polizei bietet Perspektiven") und die Polizei in Sachsen („Ver-

Abb. 7.1 Lieber nicht …

dächtig gute Jobs") nutzen ihre Fahrzeuge gezielt. Die Zürcher Werbebotschaften haben gar ein Vorbild aus dem hohen Norden. In Hamburg heißt es schon seit längerer Zeit auf den Streifenwagen: „Besser vorne sitzen als hinten. Jetzt bewerben." Wohl wahr.

Doch darf man mit solchen saloppen Sprüchen einen belastenden und bisweilen gefährlichen Beruf bewerben? André Schmid, bis vor kurzem Chef des Personaldienstes der Stadtpolizei Zürich, meint klar: Ja. Auf meinem Blog sagte er: „Der Polizeiberuf ist äußerst vielseitig und manchmal gefährlich und belastend. Es gibt aber auch andere Seiten. Zum Beispiel bei einem Einsatz im Rahmen einer Großveranstaltung oder im Gespräch mit den Bürgern kann Polizeiarbeit auch unbeschwert sein. Außerdem kann eine Prise Humor oft ein Türöffner im Kontakt mit anderen Menschen sein. Darauf setzen wir auch in der Rekrutierung." Dem ist nichts hinzuzufügen, außer vielleicht dem Hinweis, dass es bei der Stadtpolizei in Zürich wohl einige attraktive Männer gibt – die rassigsten aber anderswo arbeiten …

Die rassigsten Männer von Zürich

Auf eine ganz besondere Frechmut-Trouvaille bin ich im Internet gestoßen und musste konstatieren: Frechmutige Personalwerbung ist ein alter Hut, oder Zopf, wie wir hier in der Schweiz sagen. Irgendwie hatte ich schon ein bisschen gehofft, mit den Verkehrsbetrieben Zürich Vorreiter gewesen zu sein. Denkste. Wir blättern zurück, und zwar satte 40 Jahre! Schon damals gab es Fachkräftemangel und schon damals waren die Blaulichtorganisationen betroffen. Und schon damals gelang es ihnen, sich auch ohne das Martinshorn Gehör zu verschaffen. Die Berufsfeuerwehr Zürich zum Beispiel suchte händeringend nach „Brandwächtern" – was für eine herrliche Berufsbezeichnung angesichts der heutigen Anglizismen – und tat dies 1974 mit dem bemerkenswerten Slogan:

▶   „Eine feuerfeste Chance bieten wir den rassigsten Männern von Zürich
       bei unserer modernen Berufsfeuerwehr."

Den rassigsten Männern von Zürich… man lasse sich das heute vor dem Hintergrund von AGG, Quote und Gleichstellung auf der Zunge zergehen. Ein Slogan wie eine Feuersbrunst, wie ein messerscharfer Wasserstrahl aus einem Hochleistungsstrahlrohr. Und es wirkte: In der Folge konnten 11 neue Brandmeister angestellt werden. Beflügelt vom Erfolg wurde im Folgejahr 1975 die Personalwerbung an der Zürcher Herbstmesse wiederholt und auch hier wurde mit starken Männern

geworben. Dieses Mal lief die Personalwerbung unter dem (kaum weniger martialischen) Motto: „Männer, die für uns durchs Feuer gehen" (Abb. 7.2). Burger King
kann von Glück sprechen, wurden sie von den Schweizer Feuerkämpfern nie für
ihren Slogan „Burger, die für dich durch das Feuer gehen" rechtlich belangt.

Mit der Personalwerbung an der Zürcher Herbstmesse verbunden war das konkrete Ziel, die in Aussicht gestellte Arbeitszeitreduktion auf eine 56 Stunden-
Woche (!) zu realisieren. Tja, wir Schweizer sind halt ein fleißiges Völkchen.
Ein großartiges Bonmot aus den Zeiten, als die Personalwerbung laufen lernte.
Gerne würde ich die Gesichter einiger krampfhaft auf Gleichmacherei gebürsteten, selbsternannten Sittenwächterinnen der (sprachlichen) Gleichstellung sehen,
würde heute so um Nachwuchs geworben. Ich kann mir diesen gedanklichen Seitenhieb an Zürcher Parlamentarier nicht verkneifen, die den Verkehrsbetrieben bei
ihrer Suche nach Trampilotinnen („Die VBZ suchen Fussreflexzonen-Masseurinnen") eine geschlechtsstereotype Personalwerbung unterstellten.

Es wird immer mehr weichgespült, auch in der Personalwerbung.

▶ Auffallen, aber bitte ohne aufzufallen. Das geht schlecht.

Nennen Sie also das Kind beziehungsweise die Zielgruppe beim Namen, direkt und schnörkellos. Vielleicht also ein wenig wie damals.

Wenn das Geld knapp ist, sind Ideen umso mehr gefragt, so wie bei der Polizei im Kanton Schwyz oder deren Kollegen in Zürich. Offenbar, und das ist großartig, haben gerade staatliche Institutionen, welche hoheitliche Aufgaben durchsetzen, eine wunderbare Ader für Humor und nehmen sich selber auch nicht immer bierernst. Sie nutzen die rechtlichen und betriebsinternen Grauzonen als Freihandelszonen für richtig frechmutiges Personalmarketing. Wunderbar, und nötig. Denn das Buhlen um Quer- und Umsteigerinnen ist ein hartes Geschäft. Wem es nicht gelingt, sich auf dem Arbeitsmarkt Gehör zu verschaffen, hat einen schweren Stand.

Dubioser Privatdetektiv wirbt für Polizei

Mit einem Schuss Ironie und viel Augenzwinkern warb die Kantonspolizei in Bern um Nachwuchs. Sie spannten ausgerechnet einen ihrer schärfsten Kritiker für die Suche nach neuen Polizisten ein: Philip Maloney, berühmt-berüchtigter Privatdetektiv mit Alkohol- und einigen sonstigen Problemen sowie passionierter Polizeikritiker. Die Hörspielserie des Schweizer Autors Roger Graf genießt in der Schweiz längst Kultstatus. Für einmal lästerte Maloney auf YouTube (https://www.youtube.com/watch?v=QsIteRdCGRQ) für die gute Sache, sprich für die Personalwerbung. Und er tat das gewohnt bissig: „Wenn Sie Polizistin oder Polizist werden wollen, müssen Sie fit genug sein, um tatenlos im Polizeipräsidium herumzustehen. Auch ist es hilfreich, wenn Sie das Kreuzworträtsellexikon auswendig gelernt haben." Oder zum Thema Verkehrspolizisten: „Das gute an denen ist, dass sie viel draußen rumstehen und man sie mit einem Solarpanel ausstatten kann. Damit erzeugen sie garantiert mehr Energie, als sie den ganzen Tag verbrauchen."

Ziemlich cool – damit meine ich nicht nur die Sprüche, sondern auch die Verantwortlichen der Kantonspolizei Bern und ihrer Werbeagentur. Ich habe natürlich auch beim Meister persönlich nachgefragt. Philip Maloney wollte sich zu frechmutiger Personalwerbung jedoch nicht äußern – vermutlich aus ermittlungstaktischen Gründen.

Abb. 7.3 Personalwerbung mit Blaulicht. (Bild: Thomas Aebischer; Der Fotomacher)

To go

❶ Kreativität schlägt Geld.
❶ Ironie ist ein effizientes Stilmittel in der Personalwerbung und Humor macht generell Jobs attraktiv.
❶ Verwechseln Sie Seriosität nicht mit Langeweile.

Aufrecht gehen – HR-Arbeit mit Ego und Authentizität

8

Muss man als Personaler mit einem guten Ego gesegnet sein? Aber ja, unbedingt. Ego ist eine der fünf Essenzen von Frechmut. In der meist eher zurückhaltenden HR-Welt hält sich das Verständnis für diese Eigenschaft (noch) in klar überschaubaren Grenzen. Dabei ist die Sichtbarkeit der Personaler nicht nur in der Personalgewinnung wichtig. In stürmischen Zeiten, wenn die HR-Wogen in den Unternehmungen hoch gehen und die Zukunftsaussichten der Firmen tief fallen, ist die Visibilität des Kapitäns gefordert. Sie schafft Vertrauen und bietet einen Anker in unsicheren Zeiten.

Matthias Mölleney kann davon ein Lied singen. Oder besser gesagt, einen Film drehen. Er war der Personalchef, der nach dem Grounding der Swissair das Licht löschte und, wie es sich gehört, als Letzter von Bord ging. Aufrecht gehen beginnt im Kleinen, im Alltag. Zum Beispiel, indem man bewusst den Dialog mit seinen Zielgruppen sucht. Auf Kununu zum Beispiel oder dadurch, dass man es potenziellen Bewerbern einfach macht, die Personaler zu kontaktieren.

© Springer Fachmedien Wiesbaden 2016
J. Buckmann, *Personalmarketing to go*, DOI 10.1007/978-3-658-11154-0_8

Bruder Tobias: „Euch schickt der Herr zu uns!"
   Bud Spencer: „Nein, wir kommen zufällig vorbei!"
   Darauf, dass frechmutige Personalgewinnung etwas mit einem Western zu tun
haben könnte, muss man auch erst einmal kommen. Auf diesen Gedankengang
bin ich, unter uns gesagt, ganz unbescheiden einigermaßen stolz, habe ich doch
mit diesem Filmgenre nichts am Hut. Meine Erfahrungen beschränken sich auf
ein paar Jugendsünden, sprich Spaghetti-Western mit Carlo Pedersoli. Kennen Sie
nicht? Dieser wurde als Bud Spencer berühmt-berüchtigt. Und sein Partner war
ein dünner Blonder, wie hieß er doch gleich wieder? Wie auch immer, die Dialoge
waren auf ihre Art schon ziemlich cool, wie das eingangs zitierte Beispiel aus dem
Film „Die rechte und die linke Hand des Teufels" beweist.
   Von der verbalen Schlagfertigkeit ließe sich vielerorts im HR noch einiges
abschauen. Überhaupt ist es eigentlich naheliegend, von den Prügelszenen in Wes-
ternfilmen den Link zum Human Resources zu machen. Denn auch auf unseren
Berufsstand wird ordentlich eingeprügelt. Das HR-Bashing ist en vogue. Business
Partner wären wir gern, als Administratoren werden wir gesehen. Leistungsori-
entierung wird nicht gerade instinktiv mit Human Resources gleichgesetzt. Das
Machergen sucht man in den Unternehmen anderswo. Da ist etwas dran. Doch
wird auch oft verkannt, dass HR eine nicht ganz einfache Generalistenfunktion
zwischen Management und Mitarbeitenden, also gewissermaßen zwischen Ham-
mer und Amboss, ist.

Breitbeinig gehen

Frechmut heißt darum eben auch, selbstbewusst(er) aufzutreten. Bildlich gesagt:
Wir sollten aufrecht, oder breitbeinig, gehen. Klar meine ich das im übertragenen
Sinne, obwohl das Schöne daran ist, dass sich dieser Effekt auch physisch üben
lässt. Entdeckt habe ich das in einem wunderbar lesbaren und gestalteten kleinen Bildband: *Nur Mut!* von Dr. med. Claudia Croos-Müller. Darin empfiehlt sie
als eine von 12 1/2 Soforthilfe-Übungen für Gelassenheit und Mut das „breitbei-
nige Gehen". Dies sei eine schöne Aufgabe für das Gehirn. Die Fachärztin für
Neurologie erklärt: „Das Kleinhirn freut sich, denn es kann zeigen, wie schön es
Gleichgewicht halten kann. Und es gibt die Meldung an das Großhirn weiter: Alles im Lot, weiter so, schön breitbeinig die Beine weiter bewegen und die Füße
aufsetzen. Das Großhirn ist damit auch gut beschäftigt. Die beiden sind in einem
aufmerksamen Dialog miteinander, und im Emotionszentrum können Gefühle wie
Angst oder Herzklopfen sich dadurch nicht wichtigmachen oder durchsetzen."

Weiter rät die Fachärztin: „Wenn du ‚Breitbeinig gehen' mit ‚Hände in die Hüften stemmen' kombinierst, dann hast du den ultimativen Mut-Gang entwickelt. Damit kannst du die Welt erobern, statt bibbernd in der Ecke zu stehen."

▸ Dieser Tipp kann uns im Erobern der Personalmarketingwelt also ganz konkret helfen:

- Bei den nächsten Budget-Debatten, um die nötigen Mittel für gute Personalwerbung zu beschaffen.
- Beim Round-Table mit den Kolleginnen der Kommunikation, um für mehr Kompetenzen und den Abbau unzeitgemäßer Informationsschlaufen zu werben.
- Beim Vorstelligwerden bei den Kollegen vom Marketing, wenn es um die auffälligere Positionierung der Karriere-Informationen auf der Firmenwebseite geht.
- Gegenüber dem Betriebsrat, um eine schöne Idee auch wirklich realisieren zu können.
- Vor der Geschäftsleitung, wenn es darum geht, die Notwendigkeit richtig guter und manchmal auch von der Norm abweichender Personalwerbung überzeugend darzulegen.
- Wenn man sich in der Personalwerbung mal etwas zu weit aus dem Fenster gewagt hat und der Wind etwas kälter und direkter als sonst ins Gesicht weht.
- Bei der Bewältigung von Krisen und immer dann, wenn es darum geht, für eine wichtige Sache hinzustehen und Gesicht zu zeigen.

Grounding

Apropos Krisen und Gesicht zeigen: Matthias Mölleney kam 1998 als Personalchef zur Swissair und schwang sich damit in luftige Karrierehöhen. Seine Karriere bei der nationalen Airline groundete Ende 2001 brutal. Mölleney musste fast 9000 Mitarbeitende entlassen, am Schluss sich selbst. Das Management war mit seinem Latein längst am Ende. Die Berater hatten sich aus dem Staub gemacht. Es war Personalchef Mölleney, der mit klaren Botschaften, seiner Glaubwürdigkeit und einer großen Sichtbarkeit und Nähe zu den Menschen, diesen in dieser Extremsituation ein letztes Quäntchen Sicherheit gab.

Kapitän Mölleney ging in bester Seefahrermanier als Letzter von der Brücke. An die dramatischen Wochen erinnert er sich noch heute. „Nie war es für mich beruflich wichtiger als damals, breitbeinig zu gehen. Es war eine Ausnahmesituation, natürlich auch für mich. Meine Mission war es, aus der misslichen Situation das Beste zu machen. Ja, dabei musste ich ganz einfach ‚breitbeinig gehen', selbstbewusst und klar agieren." Ich finde es wichtig, dass der Personalchef ansprechbar ist, dass man ihn kennt, dass sich ein Vertrauensverhältnis entwickeln kann. Wer damit erst dann beginnt, wenn es wirklich zählt, ist zu spät dran. Und den bestraft ja bekanntlich das Leben.

▶ Mölleney halfen gerade in dieser Ausnahmesituation die Muskeln der Reputation, die er sich in den Jahren zuvor antrainiert hatte.

In meinem Buch *Einstellungssache: Personalmarketing mit Frechmut und Können* ist dieser „Turner Effekt" in der Essenz „Ego" beschrieben. Ego ist zu Unrecht oft negativ besetzt, denn die Sichtbarkeit schafft Glaubwürdigkeit und öffnet Türen.

Für die Schweiz war der Niedergang der nationalen Airline eine kleine Tragödie und für viele der langjährigen Mitarbeiter, war es eine große. Matthias Mölleney tauchte auch in den schwierigen Momenten seiner Karriere nicht ab, selbst, als er Polizeischutz erhielt. Im Gegenteil: 2006 spielte er in *Grounding*, einer der erfolgreichsten Kinoproduktionen der letzten Jahre, den Personalchef der Swissair gleich selber (Abb. 8.1).

Mölleney erinnert sich: „Es war verrückt: Eigentlich wollte mich Regisseur Michael Steiner nur interviewen, danach war ihm aber klar, dass er vom Personalchef mehr erfahren konnte als von den meisten anderen Interviewpartnern. Richtige Fakten in einer Dok-Szene genügen nicht, auch die Emotionen und die Haltung der beteiligten Personen müssen authentisch im Film nachgestellt werden. So lud mich der Regisseur ein, beim Dreh der wichtigen Szenen in der Konzernleitung dabei zu sein, um zu überprüfen, ob auch die Stimmung richtig wiedergegeben wird. Als es soweit war und ich ihm bestätigen konnte, dass er mit seiner Regie des Films sehr nahe an der damaligen Realität lag, ließ er nicht locker, bis ich mich selber auch noch als Statist beteiligt habe. Spätere Kommentare des einen oder anderen Personalchef-Kollegen, ‚so etwas macht man nicht', waren zum Glück eher die Ausnahme. Die meisten fanden es richtig und wichtig in dieser speziellen Angelegenheit".

Abb. 8.1 Aufrecht gehen –
gerade in Krisenzeiten.
(Bildrechte: C-Films AG,
Zürich)

Wiehl sucht Bürgi

Politiker zu sein, ist nicht immer einfach. Und dankbar ist diese Aufgabe schon gar
nicht. Josef Estermann, der frühere Stadtpräsident Zürichs, meinte dazu lakonisch:
„Humor ist, wenn man trotzdem regiert." In diese Richtung dachte ich auch, als ich
vom Vorgehen der großen Parteien auf der Suche nach ihrer neuen Bürgermeiste-
rin (m/w, wie man so schön sagt) hörte. „Ja ist denn schon wieder Karneval im
Rheinland?" entfuhr es mir. Doch das Vorgehen ist real. Und genial dazu.
    „Eine faszinierende Zeit geht für mich zu Ende." Diese Worte stammen von
Werner Becker-Bloningen, nicht weniger als 35 Jahre Bürgermeister von Wiehl,

einer Stadt mit 25.000 Einwohnern unweit von Köln. Üblicherweise würde nun umgehend das Gerangel um die Nachfolge starten. Die Parteien würden ihre Kandidatinnen oder Kandidaten in Stellung bringen, das örtliche Gewerbe würde sich über ein paar Druckaufträge für Broschüren und Plakate freuen und die Bürger auf samstägliche Standaktionen in der Innenstadt. Nicht so in Wiehl.

Statt zu zanken, beschlossen SPD, CDU und FDP gemeinsam, die neue Magistratin (m/w, um im schrecklichen Stelleninserateslang zu bleiben) gemeinsam zu suchen. Alle, die das Profil erfüllen, sollten sich bewerben können, wie bei jeder anderen Stelle auch. Und einer dachte noch weiter: Sören Teichmann, Diplom Finanzwirt und Vorstand der CDU, schlug vor, die Suche zeitgemäß mit Video – und das erst noch in Comicform – und einer eigens eingerichteten Microsite anzugehen.

►   Das ist nicht frechmutig, das ist Frechmut im Quadrat.

Sören Teichmann erinnert sich: „Natürlich waren nicht alle von Anfang an von der Idee begeistert. Gerade aus den übergeordneten Gremien unserer Parteien gab es sehr wohl kritische Stimmen und parteipolitische Überlegungen, einen ‚eigenen' Kandidaten zu bringen. Uns ging es aber wirklich darum, die für unser Wiehl richtige Person zu finden." (Abb. 8.2).

Das ungewöhnliche Vorgehen und die verblüffende Umsetzung zeigte Wirkung. Die Idee wurde medial breit aufgenommen, was zusätzliche Gratis-Aufmerksamkeit mit sich brachte. Schließlich bewarben sich nicht weniger als 42 Kandidatinnen und Kandidaten auf die ungewöhnliche Ausschreibung. Das Rennen machte schließlich ein Kandidat, der bereits vorher sein Interesse bekundete. Sören Teichmann: „Dank der Ausschreibung hatten wir eine echte Auswahl und sehr respektable Alternativen für den Fall, dass es mit unserem ‚Spitzenkandidat' nicht klappen würde." Dass letztlich ausgerechnet ein bereits bekannter Bewerber auserkoren wurde, trug den Verantwortlichen vereinzelt Kritik ein. Ebenso kam auch die Umsetzung mit einem Comic nicht überall gut an.

►   Kritik, Neid, Besserwisserei: Der beste Beweis dafür, dass die Wiehler Politiker ganz vieles richtig gemacht haben.

Denn „kaum hat mal einer ein Bissel was, gleich gibt es welche, die ärgert das." Diese Worte stammen passenderweise von Wilhelm Busch, gewissermaßen einem Pionier des Comics. Chapeau.

Abb. 8.2 Wiehl sucht Bürgi. (Bildrechte: www.stadt-wiehl-sucht-buergi.de)

Dialog

Kürzlich musste ich im Zusammenhang mit einer Postsendung aus dem Ausland den so genannten Kundendienst eines privaten Kurierdienstes in Anspruch nehmen. Dieser zündete ein regelrechtes Feuerwerk an Kreativität. Immer wieder musste ich irgendwelche Tasten auf dem Telefon drücken, die Postleitzahl eintippen, irgendeine verflixte Kennnummer eingeben oder meinen Namen buchstabieren. Ich schaffte es nicht. Kurz vor dem Explodieren erinnerte ich mich zum Glück an Atishas Geduldsübungen, die ich in meinem ersten Buch beschrieben habe. So bedankte ich mich wie vom tibetischen Meister empfohlen artig für die vielen Geduldsübungen. Unter uns gesagt: genützt hat es nicht. Ebenso wenig schaffte ich es letztlich, mit jemandem im Unternehmen zu telefonieren.

Wer selbstbewusst und von seinen Jobs überzeugt ist, kann gelassen in den Dialog treten. Das ist auch dringend nötig, denn Bewerber wollen, wie alle anderen

Kunden auch, mit ihren Anliegen nicht lange nach einem Ansprechpartner suchen. Wer also Menschen für sich gewinnen will, sollte die Kontaktaufnahme einfach machen. Klingt banal, ist aber in den Labyrinthen der Karriere-Webseiten alles andere als Alltag. Merke:

► Eine Ansprechperson gehört prominent in alle Ihre digitalen Schaufenster.

Ich spreche von einer Person, nicht einfach von einer Telefonnummer. Die auch. Und eine E-Mail-Adresse. Und ein sympathisches Foto wäre auch nicht schlecht. Schließlich will man ja wissen, mit wem man es zu tun hat.

Siemens zeigt in der Schweiz, wie man den Dialog einfach macht. Mit einem „Call back"-Button direkt auf der Landingpage. Einfach Telefonnummer eingeben und eine nette Dame oder ein netter Herr von Siemens ruft zurück. Ich habe das natürlich getestet, keine zwei Stunden hat es gedauert. Großartig. Ihnen gefällt die Idee, aber Sie haben Angst davor, von Anfragen überschwemmt zu werden? Was für eine Angst … das ist doch das Ziel Ihrer Personalwerbung?! Davon abgesehen: Der Aufwand ist überschaubar. Elmar Manetzgruber, der Chef des Recruiting-Teams von Siemens in Zürich, winkt ab: „Kein Problem, es sind wöchentlich nur wenige Anrufe, die über diesen Kanal generiert werden. Uns geht es um die Geste, um die Haltung dahinter. Wir wollen die Kontaktaufnahme so bewerberfreundlich wie immer möglich machen." Großes Kino, finde ich.

Wir bleiben beim Kino. Zum Schluss noch einmal zurück zu den Prügelfilmen. Sie nehmen die Analogie von Personalmarketing und Prügelfilmen natürlich nicht bierernst. Gott sei Dank, denn Schläge auf den Kopf schaden definitiv der Gesundheit. Pedersoli alias Spencer hat sich 2005 doch tatsächlich bei den Regionalwahlen für die Berlusconi-Partei Forza Italia aufstellen lassen. Und übrigens, mir ist es wieder eingefallen: Der Blonde war Terence Hill. Immerhin, mein Gehirn funktioniert noch.

Abb. 8.3 Orden für mutige Personalarbeit. (Bild: Thomas Aebischer; Der Fotomacher)

To go

- ❗ Suchen auch Sie „Ihren Bürgi" einmal komplett unkonventionell; denken Sie Ihre Personalsuche neu und vielleicht sogar etwas verrückt.
- ❗ Bekanntheit schafft Vertrauen und hilft, wenn es eng wird.
- ❗ Machen Sie es Ihren Zielgruppen radikal einfach, mit Ihnen in Kontakt zu treten.
- ❗ Recruiting heißt Verkaufen. Und Top-Verkäufer sind auch in der Lage, sich selbst und ihre Ideen zu verkaufen.

Echt gut – Wenn Nachahmung im Personalmarketing erlaubt und hilfreich ist

9

Im Personalmarketing und Employer Branding gibt es schon viele gute Ideen, die in der Praxis funktionieren. Zum Glück, denn so brauchen Sie nicht alles neu zu erfinden. Ganz schön praktisch: Fachzeitschriften, Blogs, Veranstaltungen und interaktive Webinare sind voll von interessanten Praxisbeispielen. Die guten Ideen werden Ihnen sozusagen häppchenweise und gut verdaulich auf dem Silbertablett serviert. Jetzt müssen Sie diese nur noch packen und für sich entdecken.

© Springer Fachmedien Wiesbaden 2016
J. Buckmann, *Personalmarketing to go*, DOI 10.1007/978-3-658-11154-0_9

Abb. 9.1   Original und Klon. (Bildrechte: Ruf Lanz)

Sagt Ihnen Konrad Kujau (noch) etwas? Das ist der Mann, der 1983 dem Spiegel die angeblichen Hitler-Tagebücher für fast 10 Millionen Mark andrehte. Fälschungen. Gut gemacht, aber halt falsch. Betrügerisch. Frei erfunden. Dieses hinterhältige, gemeine, ja diebische, haftet auch den billigen Kopien guter Originale an. Das ist auch in der Wirtschaftswelt so. Erfolgreiche Ideen werden kopiert. Unsympathisch, wenn es plump gemacht wird. Ali Mahlodji erlebt das mit seiner Firma Whatchado, dem „Handbuch der Lebensgeschichten" (www.whatchado.com). Er nimmt es zwar gelassen („… nachgemacht zu werden ist auch ein Kompliment."), aber ein fahler Nachgeschmack bleibt, wenn Ideen nur geklaut und die Eigenleistung auf einem Stecknadelkopf Platz findet. Etwas, das ebenfalls VBZ-Werber Markus Ruf, der auch für den Zürcher Vegi-Pionier Hiltl und dessen vegetarische Metzgerei wirbt, kürzlich mit einem Nachahmer in Holland widerfahren ist (Abb. 9.1).

„Ceci n'est pas très gentil", das ist nicht sehr freundlich, meinen Rolf Hiltl von Hiltl und Markus Ruf von Ruf Lanz, sehen die Sache aber vorerst sportlich: „Wenn die Holländer keine weiteren Hiltl-Kampagnen kopieren, betrachten wir das einfach als Hommage der Hommage an René Magritte, dessen Bild für unsere Werbung Pate stand".

Zurück zur Personalwerbung. Wenn dort gute Ideen aufgenommen, adaptiert und weiterentwickelt werden, ist das aus meiner Sicht nicht nur in Ordnung, sondern ich stifte sogar dazu an.

▶   Machen Sie ein paar Drehübungen und schauen Sie links und rechts nach schönen Ideen, die in der Praxis schon funktionieren.

Nutzen Sie diese als Inspiration für Ihre Personalwerbung, indem Sie sie auf Ihre Bedürfnisse adaptieren und weiterentwickeln.

Wie es zum Zürcher-Lübecker Nichtangriffspakt kam

Verstanden haben das mit dem stilvollen Adaptieren die sympathischen Männer und Frauen von der Bäckerei Junge. Das Traditionsunternehmen beschäftigt in 170 Verkaufsgeschäften rund 3000 Mitarbeitende. An einem Vortrag in Hamburg ließen sie sich von der gezeigten VBZ-Frauenkampagne inspirieren. Damit sprachen die Verkehrsbetriebe Zürich 2013 mit großem Erfolg Frisörinnen, Fussreflex-zonen-Masseurinnen, Verkäuferinnen und Köchinnen für den Quereinstieg in die Zürcher Tramcockpits an (Abb. 9.2).

Die Norddeutschen kopierten nicht einfach, sondern ließen sich inspirieren und passten die Idee auf ihre Backwelt an. „Bäckerei sucht Frisöre", heißt es nun in

Abb. 9.2 VBZ suchen Coiffeusen. (Bildrechte: VBZ)

Abb. 9.3 Bäckerei sucht Frisöre. (Bildrechte: Katja Pötzsch)

Norddeutschland. Marketingleiterin Sabine Quaritsch schrieb mir: „Ihr Vortrag auf dem Foodservice-Forum in Hamburg über die Rekrutierungskampagne der VBZ hatte uns nachhaltig beeindruckt und inspiriert." (Abb. 9.3).

Sabine Quaritsch nutzt Veranstaltungen bewusst als Inspirationsquelle. Und sie hat Humor, übrigens eine weitere wichtige Frechmut-Zutat: „Bitte suchen Sie aber keine Bäckerinnen bei uns im Norden. Wir sprechen auch keine Trampilotinnen an. Versprochen!" So ist es dazu gekommen, dass Zürich und Lübeck einen Personalwerbungsnichtangriffspakt geschlossen haben. So macht Personalwerbung einfach Spaß. Echt sympathisch.

Der unsägliche Poker um den Lohn

Auch das Kinderspital Zürich, in der Schweiz auch liebevoll „Kispi" genannt, ließ sich frechmutig inspirieren. Für ihre neuen Online-Stelleninserate setzen die Verantwortlichen auf Transparenz und einen hohen Informationsgehalt. Mit integrierten Videos, einer animierten Darstellung ihrer Fringe Benefits – und mit dem Lohn. Als Inspirationsquelle diente unter anderem das Stelleninserat der Verkehrsbetriebe Zürich. Ein wesentliches Element darin ist der Lohn. Daraus auch in seinem Unternehmen nicht mehr länger ein Geheimnis zu machen, war für Matthias Bisang, als Leiter des Personaldienstes, die logische Folge einer generellen Entwicklung auf dem Arbeitsmarkt. Bisang: „Gerade die jüngeren Generationen haben einen unverkrampfteren Umgang mit dem Lohn. Er ist ein ganz normales Element im Anstellungspaket und Teil des Deals ‚Arbeit gegen Geld'. Nicht mehr, nicht weniger. Warum also dieses ‚Versteckspiel?'".

Mit dieser progressiven Haltung gehört Matthias Bisang in der Schweiz zu den Vorreitern. Erst wenige Unternehmen fassen Ehrlichkeit und Transparenz in der Bewerberkommunikation so breit auf wie er. Dabei ist der Ruf der Kunden, sprich Bewerber, unüberhörbar.

▶   Laut einer Umfrage von 20 Minuten, der meistgelesenen Tages-Zeitung der Schweiz, wünschen sich vier von fünf Arbeitnehmern Angaben zum Lohn im Stelleninserat. Warum wird dieses Bedürfnis partout nicht befriedigt?

Auch im Kinderspital war diese Maßnahme umstritten. Doch Matthias Bisang und sein Team bewiesen Mut und setzten sich mit viel Leidenschaft (einer unentbehrlichen Frechmut-Essenz) schließlich intern durch. Zumindest teilweise – noch sind nicht in allen Inseraten die Löhne publik. Dass noch nicht alle Linienvorgesetzten damit einverstanden sind, ficht Bisang nicht an. Er weiß, dass es bisweilen auch Geduld braucht.

Spielerisch voneinander lernen

„Er will ja bloß spielen." Was bei Hundebesitzern und ihren vierbeinigen Lieblingen nervt, macht auf unbekanntem Terrain ganz einfach Spaß. Wie sagte doch schon Schiller? „Der Mensch ist nur dann ganz Mensch, wenn er spielt." In der Schweiz gibt es einige wirklich gute Stelleninserate, welche die Möglichkeiten des Web 2.0 (endlich!) nutzen und die Menschen sogar ein bisschen spielen lassen.

Die Verkehrsbetriebe Zürich nutzen zur Veranschaulichung ihrer Fringe Benefits einen animierten Stadtplan, dessen Haltestellen beim Darüberwischen mit der Maus detaillierte Informationen preisgeben. In der Zwischenzeit haben auch das Kinderspital Zürich und die Schweizerischen Bundesbahnen (SBB) ihre Arbeitgebervorzüge in kleine Spielwiesen verwandelt.

Der gemeinsame Nenner: Alle drei sind Kunden der Mediaagentur Prospective mit Sitz in Zürich und Berlin. Geschäftsführer Matthias Mäder redet gar nicht erst um den Brei: „Selbstverständlich sind alle drei aufgeführten Beispiele voneinander inspiriert. Auch wir können das Rad nicht immer neu erfinden – das ist auch gar nicht nötig. Wir lernen ständig dazu und übernehmen und adaptieren für unsere Kunden, was auch anderswo gut funktioniert. Oft sind es auch unsere Kunden selber, die eine schöne Idee gesehen haben, die sie gerne für sich adaptieren würden. Durch diese stetigen Weiterentwicklungen und das voneinander Lernen wird die Personalwerbung endlich frischer und kundenfreundlicher. Das ist wunderbar." Stimmt.

Abb. 9.4 Inspirieren nicht kopieren. (Bild: Thomas Aebischer; Der Fotomacher)

To go

🛈 Schauen Sie sich gezielt nach „Best Practice – Beispielen" um: Im Internet, in Fachmagazinen und auf Veranstaltungen.

🛈 Inspirieren: Ja. Klauen: Nein.

🛈 Mit offenen Karten spielen, auch beim Lohn.

Tutti Frutti – Inspirationen für Personalmarketing, Recruiting und Employer Branding

10

Fensterreiniger, Shampoo oder Nudeln – viele Produkte werden professionell und emotional beworben. Kürzlich bin ich fasziniert auf einer Webseite für Katzenfutter herumgesurft. Dort wird das Futter nach Zielgruppen abgestimmt beworben: Katzenbabys bis 12 Monate (wohl so etwas wie die Generation Y), Katzen zwischen zwei und sieben Jahren (Babyboomer?) und dann auch noch das passende Futter für den etwas älteren Vierbeiner ab 7 Jahren. Inklusive vielen Informationen vom „Gespräch mit Ihrem kleinen Liebling" bis hin zur Vorbereitung auf den Katzentod. Marketing vom Feinsten. Ich frage mich: Warum geht das nicht auch in der Personalwerbung?

Ich wünsche mir mehr freche Köpfe, die auf die unvermeidlichen Fragen der Berufskritiker und Bedenkenträgerinnen, der Wichtigtuer und Gleichstellungs-Fanatiker, der Prozess-Freaks und übereifrigen Betriebsräten schlicht und einfach antworten: „Warum nicht?" Diesen Helden des Personalmarketingalltags widme ich mein zehntes und letztes Kapitel. Es ist ein bunt zusammengewürfeltes Potpourri an kreativen und ungewöhnlichen Ansätzen in der Personalwerbung. Gleichzeitig enthält es ein singendes Mahnmal, es dann doch nicht zu übertreiben. Von allem ein bisschen etwas dabei – Tutti Frutti halt.

© Springer Fachmedien Wiesbaden 2016
J. Buckmann, *Personalmarketing to go*, DOI 10.1007/978-3-658-11154-0_10

Der Kreis schließt sich. Während wir im Kap. 1 von den Inhalten sprachen, den harten und den weichen, die in Wahrheit knallhart sind, geht es in diesem zehnten und letzten Kapitel noch einmal darum, sich mit den Botschaften auf dem Arbeitsmarkt Gehör zu verschaffen. Darin haben wir im HR durchaus noch Luft nach oben, und mir kommt gerade beim Schreiben des Worts „Kreis" ein herrliches Bonmot in den Sinn: „Der Kreis ist eine geometrische Figur, bei der an allen Ecken und Kanten gespart wurde." Passt irgendwie ganz gut zum Personalmarketing.

Würdige Personalwerbung

Während die Werbung für Produkte geradezu „Kauf mich" schreit, braucht es in der Personalwerbung scheinbar eine Infusion gegen akute Schlafkrankheit. Werber Markus Ruf, der seit Jahren für die VBZ-Personalwerbung verantwortlich ist, bringt es auf den Punkt: „Die Personalwerbung strahlt oft den Charme einer Sowjet-Kolchose aus." Frechheit ist also nötiger denn je. In ihrem hier groß geschriebenen „Kleingedruckten" steht:

▶   Lust haben, aufzufallen, ja vielleicht ab und an etwas zu provozieren.
     Aber mit Stil und einem Augenzwinkern.

Ich spreche dabei nicht unbedingt von einer schrillen, marktschreierischen Personalwerbung. Ich meine vielmehr Werbung für Stellen und Arbeitgeber, die durch eine hohe Zielgruppenorientierung und einer guten Prise Humor auffällt. Oder die einfach schön gemacht ist.

▶   Ich spreche von würdiger Personalwerbung.

Einer Werbung, die dem verkauften Produkt – gute Arbeitsstellen bei anständigen Unternehmen – würdig ist. Und einer, die sich den Bedürfnissen und hohen Erwartungen der Stellensuchenden als würdig erweist. Gute Beispiele gibt es, zum Glück, immer mehr:

Mindestlohn-Initiative von Lidl Schweiz

2014 war in der Schweiz ein Thema in aller Munde: Die Mindestlohninitiative, die einen gesetzlich vorgeschriebenen Minimallohn von 4000 Franken forderte. Pro und contra wurden emotional diskutiert. Just in jener Zeit machte Lidl Schweiz

Abb. 10.1 Lidl: Neuer
Mindestlohn

mit einer großflächigen Kampagne von sich reden. Der Discounter propagierte die freiwillige Einführung des Mindestlohns von 4000 Franken (Abb. 10.1).

Effekthascherei oder gar Trittbrettfahren auf dem Aufmerksamkeitszug der politischen Diskussion? Ach was. Aus meiner Sicht einfach clever gemacht, auch wenn, wie mein HR-Kollege Marco Monego von Lidl sagt, „die Kampagne nicht unbedingt politisch motiviert und in erster Linie nicht einmal als Personalwerbekampagne angedacht war. Wir wollten den Mitarbeitenden einfach Danke sagen für fünf Jahre Lidl Schweiz." Das kann ich kaum glauben, denn ich finde das Vorgehen von Lidl nicht nur geschickt, sondern auch mehr als legitim, weil es mit seiner Lohntransparenz halt ganz einfach einen wesentlichen Punkt der Bedürfnisse von Stellensuchenden abdeckt. Das zeigt sich auch in Bewerbungsgesprächen, wie Marco Monego bestätigt: „Das Thema Mindestlohn ist ein fester Bestandteil in den Vorstellungsgesprächen und erstaunlich viele Bewerber wissen noch immer Bescheid, obwohl die Kampagne nun auch schon wieder mehr als ein Jahr vorbei ist." Zwischenzeitlich hatten sich die Bewerbungen bei Lidl verdoppelt und sich nun nachhaltig bei rund 20 % mehr eingependelt. Auch in der öffentlichen Wahrnehmung hat Lidl mit seinem Vorgehen gepunktet und viele positive Reaktionen erhalten. Demgegenüber stehen auch einige kritische Feedbacks, welche den Mindestlohn sogar kritisieren und in ihm eine Untergrabung der Berufslehre sehen. Ich meine:

▶   Es allen recht zu machen, ist ein Ding der Unmöglichkeit, insbesondere denen, die nichts wissen, aber alles besser.

Lidl kommuniziert pointiert und zudem einen zentralen Punkt der Arbeitgeberattraktivität: den Lohn. HR Puristen haben die Nase gerümpft. „Die haben es ja wohl nötig, den Lohn im wahrsten Sinn des Wortes so plakativ zu bewerben", war zu hören. Das ist dumm und arrogant zugleich. Wer so denkt, negiert, dass in diesem Lohnsegment ein paar hundert Franken mehr oder weniger sehr wohl ein starkes Argument sind. Und außerdem hat, wer so argumentiert, Marketing nicht verstanden. Dieses besteht nicht aus coolen Sprüchen, sondern ist eine Denke. Herzstück dieser Disziplin ist es, sich in die Schuhe der Zielgruppen, der Konsumentinnen und Bewerber, zu stellen. Deren Erwartungen gilt es zu befriedigen, auch in der Personalwerbung. Da lohnt sich ein Blick auf Umfragen, welche die Informationsbedürfnisse von Stellensuchenden untersuchen. Jeweils immer ganz oben auf der Wunschliste: Angaben zum Lohn, und bitte schön möglichst konkret. Darum: Gut gemacht, Lidl.

Ich selber habe mich übrigens kürzlich undercover aufgemacht, um die Lage der Nation in Sachen Lohntransparenz zu recherchieren – mit durchzogener Bilanz (Abb. 10.2).

Abb. 10.2 Buckmann undercover

Auf jeden Fall überzeugend frechmutig ist das Vorgehen der Vorwerker Dia-
konie, die im Großraum Lübeck tätig ist. Lutz Regenberg musste feststellen, wie
die klassischen Stelleninserate immer weniger funktionierten. „Manchmal erhielten wir auf eine Printanzeige nicht einmal eine einzige brauchbare Bewerbung"
blickt der Verantwortliche für Kommunikation, Fundraising und Personalentwick-
lung auf die Initialzündung für Fahrzeugwerbung zurück. Die Vorwerker nutzen
nun ihren Fuhrpark und beklebten ihre 50 Autos mit einem Heckkleber. „Zum Preis
eines einzigen Printinserates", wie Regenberg ergänzt (Abb. 10.3). Der frechmutige Slogan: „Wären 3000 Euro in Ordnung?".

50 rollende Werbeträger, beklebt mit dem Lohn, auf den Straßen in und um
Lübeck. Die Ausbeute: Viele Anfragen. Die erste bereits weniger als eine Stunde
nach dem Start der Kampagne. Und total 31 Bewerbungen und vier Anstellungen.
„Wir machen weiter", sagt Lutz Regenberg. „Wir konnten mit dem Slogan nicht
nur Bewerbungen generieren, sondern auch generell am Vorurteil kratzen, wonach
Stellen in der Pflege generell schlecht bezahlt sind. Das hat viele überrascht, weil
doch in den Medien immer wieder von schlechter Bezahlung die Rede ist. Zumindest in unserem Fall stimmt das ganz einfach nicht."

Mänsche, wo öppis beweged

Die Transport- und Logistikbranche zählt nicht eben zu den Wunschbranchen der
Arbeitnehmer. Doch gerade dort spitzt sich die Lage dramatisch zu. So sind ge-
mäß einer Studie des Instituts der deutschen Wirtschaft (IW Köln) mit dem Titel
„Fachkräfteengpässe in Unternehmen" aus dem Jahr 2014 über 200.000 Fahrer

mindestens 50-jährig, das sind fast 40 %. Die Branche reagiert, zum Beispiel mit der wirklich gut gemachten Homepage www.mach-was-abgefahrenes.de, die sich an verschiedene Zielgruppen (Lehrlinge, Quereinsteiger) richtet und viel Informationen, ein Download-Center und Videos enthält. Ausgezeichnet gemacht, fällt durch Professionalität auf.

Ebenfalls auffällig ist die teilweise viersprachige Webseite des Schweizer Logistikunternehmens Planzer. Eine der Sprachen ist Schweizerdeutsch, und das liest sich dann so:

> Mänsche, wo öppis beweged.
> De Mänsch eläi setzt Sache i Bewegig – Faarzüüg genauso wie Innovazione. Bi öis schaffed Mänsche, wo offe für Nöis und nöigiirig auf Bessers sind. Öisi oberschti Spiilregle häisst: Färness. Im Tiim zäigemer Beschtläischtige.

Etwas gewöhnungsbedürftig und sicher auch Geschmackssache, aber auf jeden Fall auffällig und aus der Masse herausstechend. Man versucht etwas, geht neue Wege und bricht Muster.

Personalmarketingstadl

> Ja, jetzt ist Stadlzeit
> Wir sind soweit
> wir haben uns darauf gefreut,
> die Gäste sind schon hier
> jetzt wünsch i dir
> a wunderschöne Zeit

Das offizielle Lied zur Fernsehsendung bringt eine verwunderliche Modeströmung in der Personalwerbung auf den Punkt: den Personalmarketing-Rap. Niemand kann es sich so recht erklären, warum vor ein paar Jahren immer mehr Unternehmen begannen, so ähnlich wie im ZDF Werbefernsehen („. . . und wer sich Allianz versichert, der hat völlig . . .“) ihre Werbebotschaften singend oder rappend an die Frau oder an den Mann bringen. Es setzte ein veritabler HR-Personalmarketingstadl ein. Wer glaubt, auffallen um jeden Preis wie einst Benetton mit seinen Schockbildern, sei die Losung für die Personalwerbung, der sollte unbedingt auf diese Werbeform setzen.

▶   Einige Stars des HR-Stadls brachten es in den letzten Jahren immerhin gratis und franko in die ganz großen Medien von B wie Bild-Zeitung bis Z wie die ZEIT.

Oft wurden rappende Polizisten oder feenhafte Jungbankerinnen mit Häme und Spott bedacht. Die auffälligsten Machwerke erhielten gar die zweifelhafte Ehre einer goldenen Runkelrübe, einer Auszeichnung für besonders schlechte Personal-kommunikation und somit für die „Gewinner" die inoffizielle Lizenz zum Fremd-schämen (mehr unter www.goldenerunkelruebe.de). Veranstalter Henner Knaben-reich: „Der Grat zwischen witzig und peinlich ist wohl nirgendwo so messerscharf dünn wie bei Musikvideos für die Personalwerbung. Und vielen gelingt die Balan-ce nicht. Ich habe deutlich mehr missratene Videos gesehen als gelungene." Doch es gibt sie. So hat ein musikalisch begabter Angestellter des nationalen Contact Centers der Schweizerischen Bundesbahnen (SBB) in Brig ein sehr gefälliges, gut und mit viel persönlichem Charme gemachtes Musikvideo über die Arbeit im Con-tact Center produziert. Das Video wurde nicht offiziell für die Personalwerbung genutzt, wusste aber durchaus zu gefallen. Solche Beispiele – eher die Ausnahme von der Regel – kennt auch Henner Knabenreich. Er erinnert sich:

„Eine große Restaurantkette fragte mich um Rat und zeigte mir ein fertig pro-duziertes, aber noch nicht veröffentlichtes Video. Ich fand es Klasse! Gut gemacht, eine eingängige Melodie, glaubwürdige Darsteller, freche Texte. Trotzdem riet ich ab, weil diese Art der Personalwerbung ganz einfach nicht zu allen Marken passt und das Risiko ungerechtfertigter Kritik bei Unternehmungen, die auch sonst schon im Mittelpunkt des öffentlichen Interesses stehen, per se sehr groß ist." Im erwähn-ten Beispiel schweren Herzens. Knabenreich: „Letztendlich sind die Protagonisten selbst unbedingt zu schützen. Leider verletzt so mancher Arbeitgeber aber sei-ne Fürsorgepflicht und setzt seine Sprösslinge – zwar eher unbewusst oder sollte ich sagen: unbedacht? – Spott und Häme aus. Und schadet damit nicht nur der Reputation der Darstellenden, sondern des gesamten Unternehmens." Darum gibt es vom Wiesbadener Unternehmensberater einen einzigen, dafür ganz einfachen Tipp: „Fokussieren Sie für Ihr Personalmarketing auf die wirklich wichtigen Tools, die Karriere-Webseite etwa oder die Stelleninserate. Machen Sie das Bewerben einfach. Lassen Sie Ihre Mitarbeiter gerne unter der Dusche oder auf Betriebsfesten singen, aber lassen Sie besser die Finger weg von musikalischer Personalwer-bung."

Mit Kunst werben

Pascal Thalmann ist 36 und Künstler in Zürich. Er malt Kulissen für Theater, macht Fotoshootings und Filmproduktionen und sonst noch tausend andere krea-tive Dinge dazu. So war er auch für das „Unsichtbarmachen" der VBZ-Talente mitverantwortlich. Aber der Reihe nach.

Am 16. November 2005 erlebte der Chinese Liu Bolin hautnah mit, wie in Peking das Künstlerviertel, in dem er wohnte, dem Erdboden gleichgemacht wurde. Bolin wurde obdachlos und fühlte sich unwichtig, ja unsichtbar. Dieses einschneidende Erlebnis verarbeitete Bolin, mittlerweile ein bedeutender internationaler Künstler, indem er in seinen Werken geradezu aufgeht und fast unsichtbar wird. Dazu lässt er sich bis zu zehn Stunden die Kleider und das Gesicht bemalen, sodass er komplett mit dem Hintergrund verschmilzt.

Bolin ist in seinen Bildern mittendrin und doch unsichtbar. Diese Beschreibung passt auch auf die über 1000 unsichtbaren Talente der Verkehrsbetriebe Zürich, die im Hintergrund dafür sorgen, dass die Busfahrer und Trampilotinnen jeden Tag vor fast einer Million Menschen das Zürcher Verkehrsspektakel aufführen können. Um die Leistung dieser vielen Fachkräfte und, damit verbunden, die überraschend große Berufsvielfalt der Verkehrsbetriebe Zürich aufzuzeigen, inszenierten die VBZ vier dieser unsichtbaren VBZ-Talente im Stile von Liu Bolin.

Kunst im Personalmarketing – diese außergewöhnliche Idee der Zürcher Werbeagentur Ruf Lanz forderte auch Künstler Pascal Thalmann heraus, der die VBZ-Talente mit bekannten Zürcher Kulissen verschmelzen lassen sollte. Bevor die VBZ tradierte Muster in der Personalwerbung brechen konnten, musste Thalmann zuerst einmal im Selbstversuch tüfteln: „Ich musste alle Materialen für Haut und Haare an mir selber testen. Ich habe keine Ausschläge bekommen und lebe noch – es ist also alles gut." Das Resultat ist ein Augenschmaus und sorgte in Zürich für Furore (Abb. 10.4).

Abb. 10.4 Unsichtbares Talent Marina Böhm. (Bildrechte: Ruf Lanz/VBZ)

Wie Künstler Thalmann probieren auch die VBZ immer wieder neue Wege aus, um im „war of eyeballs" auf dem Arbeitsmarkt Gehör zu finden. Dabei setzen sie auf Storytelling, so wie bei den unsichtbaren VBZ-Talenten. Deren Hintergrund und ihr Weg zu und bei den Verkehrsbetrieben wird auf einer eigens eingerichteten Kampagnen-Webseite (www.unsichtbarevbztalente.ch) erzählt. Die VBZ inszenieren die Geschichten ihrer Mitarbeitenden und nutzen dabei verschiedene Kommunikationsformen und -Kanäle crossmedial. Darunter auch solche, die für die Personalgewinnung noch wenig genutzt werden.

So erfolgte der Startschuss zur Kampagne im Rahmen einer Vernissage mit allen Beteiligten (Abb. 10.5). Das Bild und die bemalten Kleider von Bauingenieur Ralf Signer zieren nun die Hotellobby des trendigen 25hours-Hotels in Zürich. Und mit allen vier Berufsleuten werden Twitterdays durchgeführt. Dabei werden sie in ihrem Berufsalltag hinter den Kulissen einen ganzen Tag lang „bezwitschert". Wichtig im Kommunikationsmix der VBZ ist auch die Medienarbeit. Wenn es gelingt, mit seinem Vorgehen in den Medien Gehör zu finden, multipliziert sich der Einsatz der Personalmarketingfranken, weil so auch nicht aktiv Stellensuchende erreicht werden.

▶ Und auch hier gilt: Abschauen und sich inspirieren lassen erlaubt.

Journalist Cliff Lehnen, mit dem ich über diese zauberschöne Personalmarketingidee der VBZ sprach, brachte es ebenso spontan wie humorvoll auf den Punkt: „Man wird ja wohl auch mal vom Chinesen kopieren dürfen.".

Abb. 10.5 Personalmarketing-Vernissage. (Bildrechte: VBZ)

Abb. 10.6   Tutti Frutti. (Bild: Thomas Aebischer; Der Fotomacher)

To go

- ❗ Warum nicht?
- ❗ Warum nicht?
- ❗ Warum nicht?

Epilog

Schuhgeschäft Schönbächler, Zürich Langstraße im Winter 1971

Der Champ kam durch den Nebel. Am 22. Dezember 1971, einem grauen und trüben Vorweihnachtstag, landete Muhammad Ali im beschaulichen Zürich. Er blieb 10 Tage. In dieser Zeit boxte er erfolgreich gegen den Hamburger Jürgen Blin und zeigte sich immer wieder von seiner bislang weniger bekannten Seite. „Ali war freundlich, keine Spur überheblich", erinnert sich Eric Bachmann.

Dieser Eric Bachmann ist einer der renommiertesten Fotografen der Schweiz. Er hatte sie fast alle vor seiner Linse: Sammy Davis jr., Nina Hagen, Charles Aznavour, Friedrich Dürrenmatt, Gina Lollobrigida und hunderte Stars und Sternchen mehr. Ein besonderer Coup gelang ihm mit Muhammad Ali. Bachmann begleitete ihn während seines ganzen Aufenthalts in Zürich. Er war dabei, als Ali auf dem Üetliberg trainierte und danach im Hallenstadion den chancenlosen Blin in der 7. Runde k.o. schlug. Und er fuhr den großen Champ aus Amerika mit seinem kleinen Datsun zum Schuhkauf – nicht etwa an die noble Bahnhofstrasse, sondern ins Schuhgeschäft Schönbächler an der Zürcher Langstraße, mitten im Arbeiter- und Rotlichtviertel (Abb. 1).

Wie schaffte es Bachmann, so nah an den mit einem Clan von etwa 40 Personen angereisten Ali heranzukommen? Wie bekam er, was alle anderen Fotografen auch haben wollten? Ganz einfach: Eric Bachmann ging frechmutig neue Wege, brach Muster und versuchte etwas Neues – und gewann. Ein Vorgehen, das auch im Personalmarketing zum Erfolg verhilft.

© Springer Fachmedien Wiesbaden 2016
J. Buckmann, *Personalmarketing to go*, DOI 10.1007/978-3-658-11154-0

Abb. 1 Ali im Schuhgeschäft Schönbächler.
(Foto: Eric Bachmann)

„Mich interessiert der Mensch"

Fotografenlegende Bachmann erinnert sich an diese aufregende Zeit: „Soeben zu-
rückgekehrt von einer wahnsinnig spannenden Reportage für die Weihnachtsnum-
mer der Zeitschrift *Sie+Er* in Jerusalem und Bethlehem sollte ich auf dem Flughafen Zürich einige Aufnahmen des anreisenden Muhammad Ali machen. Das
interessierte mich ebenso wenig wie mich der Boxsport interessierte. Ich empfahl,
ein paar Agenturbilder einzukaufen, weil sowieso schon alle meiner Fotografenkollegen am Flughafen waren. Mich brauchte es dort nicht auch noch. Stattdessen
regte ich an, etwas über den Menschen Muhammad Ali zu machen. Was ich von
ihm las, fand ich interessant – seine Weigerung, in den Vietnamkrieg zu ziehen

und seine Bereitschaft, dafür einen hohen Preis zu zahlen (Ali wurde vom Boxver-
band für längere Zeit gesperrt) sowie das Konvertieren zum Islam machten ihn in
meinen Augen als Menschen interessant."

Statt also, wie alle seine Kollegen zum Flughafen zu fahren und, Bachmann
lacht, „mitten in der Journalistenmeute langweilige Bilder eines winkenden Boxers
auf der Flugzeug-Gangway aufzunehmen", fuhr er am folgenden frühen Morgen
zusammen mit seinem Reporter Walter Bretscher zum Hotel Atlantis. Bachmann
will in der Hotellobby gerade versuchen, an Informationen über den berühmten
Gast zu gelangen, als Ali im Trainingsanzug und in seinen alten Trainingsschu-
hen direkt auf ihn zusteuert und fragt: „Are you from here?". Bachmann: „Yes, I
am." Ali fragt nach einer geeigneten Trainingsmöglichkeit. So kommt es, dass Eric

Abb. 2 Training auf dem
Zürcher Üetliberg.
(Foto: Eric Bachmann)

Bachmann und sein Reporterkollege den berühmten Kämpfer exklusiv begleiten, während seine Fotografenkollegen noch schlafen. Ihm gelingen auf dem Üetliberg außergewöhnliche Bilder des Boxers beim Morgentraining (Abb. 2).

„Ich erinnere mich gut, wie wir versuchten, mit dem austrainierten Ali einigermaßen Schritt zu halten. Freundlicherweise wartete er immer wieder auf uns, ja er half uns gar, die Ausrüstung zu tragen. Viele der Wanderer und Spaziergänger erkannten den Boxer nicht und starrten verwundert auf diese eigenartige Szenerie."

Eric Bachmann gelang es, eindrucksvolle Bilder des Menschen Ali zu machen (Abb. 3). Bilder jenseits der üblichen Box-Choreographie, die das Böse zelebriert. Sie zeigen einen freundlichen, hilfsbereiten, immer zu Späßen aufgelegten Ali. Und Bachmann dokumentiert ein Stück Zeitgeschichte mit einem nachdenklichen und manchmal fast träumerischen Sportsmann, den die Welt bislang stets eindimensional als Großmaul und Wichtigtuer wahrgenommen hatte (Abb. 4).

Bachmann fing mit seiner Kamera auch die eingangs erwähnte Episode mit Alis neuen Schuhen ein und erinnert sich noch heute an jedes Detail: „Schon auf dem Üetliberg erkundigte sich Ali bei mir nach den robusten Schuhen, die er bei den Spaziergängern gesehen hatte. Als wir nach dem Training wieder vor dem Hotel standen, fragte mich Ali mit Blick auf seine völlig durchnässten und kaputten

Abb. 3 Training. (Foto: Eric Bachmann)

Abb. 4 Muhammad Ali nachdenklich. (Foto: Eric Bachmann)

Schuhe, wo man diese kaufen könne. ‚I show you, where you can buy these shoes',
sagte ich ihm, worauf Ali antwortete: ‚Let's go. Now!'"

„Ich war zur richtigen Zeit am richtigen Ort – und habe gehandelt."

Mit jetzt meinte Ali auch jetzt. Also zwängte er sich zusammen mit seinem legen-
dären Trainer Angelo Dundee und Reporter Bretscher in Bachmanns Kleinwagen –
verschwitzt, ohne sich vorher umgezogen zu haben. „Es war verrückt und ein zwei-
ter Zufall, der mir zu diesem denkwürdigen Ausflug (und einem Primeur in der
Sie+Er) verhalf. Ich war erneut zur richtigen Zeit am richtigen Ort – und habe
gehandelt. Denn eigentlich stand Ali eine Stretch-Limousine zur Verfügung. Weil
aber der Fahrer nicht beim Wagen war, nahmen wir halt meinen kleinen Datsun.
Es war eng, die Scheiben waren sofort beschlagen. Ich habe kaum etwas gesehen." Auf dieser Fahrt behändigt der spitzbübische Muhammad Ali die Kamera

Abb. 5 Fotograf Bachmann fotografiert von Muhammad Ali. (Foto: Eric Bachmann)

von Bachmann und dreht den Spieß um. So kam Bachmann zu einem Porträt des Fotografen Muhammad Ali (Abb. 5).

Im Schuhgeschäft Schönbächler, an der berühmt-berüchtigten Zürcher Lang-straße, kaufte Ali dann seine neuen Trainingsschuhe der Schweizer Traditionsfirma Raichle, in hellbraunem Kalbsleder. Die Auswahl fiel ihm leicht, das Modell war das einzig vorrätige in Ali's Schuhgröße 47. Während der Anprobe schrieb Ali geduldig Autogramme, derweil, erinnert sich Bachmann, „vor dem kleinen Schuh-laden der Verkehr zusammenbrach."

Authentizität schafft Sympathien

Eric Bachmann fing mit seiner Kamera eindrucksvoll den anderen, unbekannten Ali ein. Freundlich, hilfsbereit, nachdenklich. Bisweilen gar scheu. „Easy going" war er, erinnert sich Bachmann, „und ein witziger und liebevoller Vater. Ich erlebte ihn, wie er beim Frühstück mit seinen Töchtern Späße machte, sie neckte und viel lachte." Seine Linse verwandelte den Kämpfer, die Medienfigur, zurück in einen Menschen (Abb. 6).

Abb. 6 Fröhlicher Champ.
(Foto: Eric Bachmann)

Auch in vielen Unternehmen arbeiten Personen, die auf den ersten Blick eher wie Figuren als wie reale Menschen anmuten. Sie sind auch eine Art Kämpfer, zuständig für oder gegen irgendetwas, dekoriert mit Titeln und Würden. Von manchen kennt man nur ihren Namen, von anderen gar nichts. Einige blicken auf Unternehmenswebseiten kühl von uniform wirkenden Fotos. „Echte" Bilder jedoch hauchen Leben ein, schaffen Emotionen. Sie reißen Barrieren ein und lassen uns hinter die Kulissen sehen – und manchmal auch unser vorschnell zurechtgelegtes Bild revidieren.

▶ Der „echte", unverfälschte Blick hinter die Fassaden schafft Sympathien und lässt das Image geraderücken. Was für ein wunderbares, letztes „to go" für Ihr Personalmarketing.

Danke

Ich danke von Herzen

Olga Buckmann hat für dieses Buch auf viele gemeinsame Stunden, auf Wanderungen, Stadtentdeckungen und Diskussionen über Gott und die Welt verzichtet. Sie ist natürlich in erster Linie meine Frau, aber gleichzeitig auch eine gnadenlose Lektorin und Kritikerin – gnadenlos gut, damit wir uns richtig verstehen. Sie hat Schachtelsätze entwirrt, Titel geschärft, Unlogisches aufgedeckt und Unklarheiten präzisiert. Ihr Feedback „Wasser, das ist alles Wasser" als Synonym für Worthülsen, unnötigen Sprachballast und verwirrende Formulierungen entspricht vielleicht nicht gerade gutschweizerischen, wohltemperierten und watteverpackten Feedbackregeln, aber brachte es immer wieder genau auf den Punkt. Dafür und für tausend andere Dinge mehr bin ich sehr dankbar. Du bist großartig!

Thomas Aebischer ist kein Fotograf, er ist Fotomacher. Uns verbindet eine jahrelange Bekanntschaft, die oberflächlich betrachtet auf einigen Jahren gemeinsamen Berufsweges fußt. Irgendwie sind wir seelenverwandt – wir kompensieren Sitzungsmarathons und das Agieren auf großflächig planierten beruflichen Pisten mit Kreativität. Im Falle von Thomas als begnadeter Fotograf mit – ich nenne es einfach mal – einem „paradoxen" Blick. Damit meine ich sein Talent, einerseits total fokussiert interessante Details zu erkennen und diese in seinen Bildern herauszuarbeiten und gleichzeitig den Blick zu öffnen für Sichtweisen und Sujets, die viele andere nicht sehen. Die zehn Bilder bei den „to gos" sind allesamt komplett ohne Photoshop entstanden – dafür mit Leidenschaft fürs Detail, mit verblüffend simplen Tricks und ganz einfach viel Gefühl fürs Bild. Thomas Aebischer ist wahrlich DER Fotomacher!

Eric Bachmann gehört zu den profiliertesten Fotografen der Schweiz. Dass er ausgerechnet für ein Fachbuch wie dieses seine fotografische Schatztruhe öffnet

99

und sich ganz viel Zeit nimmt, um im persönlichen Gespräch seine Erinnerungen zu teilen, ist nicht nur außergewöhnlich – das würde der Sache nicht gerecht – sondern schlicht grandios. Wenn Sie jetzt denken, ich würde vor Stolz fast platzen, ja geradezu damit prahlen – Sie haben völlig recht. So ist es.

Eliane Schlegel ist die gute Seele dieses Buches. Denn bevor ich damit nun so richtig angeben kann, brauchte es ganz viel Knochenarbeit, damit alles so daherkommt, wie es nun eben halt daherkommt. Mit schier endloser Geduld hat Eliane, die gerade ihren Bachelor in Journalismus und Organisationskommunikation macht, mein Buchstabenchaos geordnet, Kapitel für Kapitel durchgeackert, geprüft, korrigiert, stirngerunzelt, gelobt und schlussendlich die vorliegende Fassung für gut befunden. Eine riesige und manchmal auch undankbare Arbeit – für die ich gerade deshalb speziell dankbar bin.

Ich habe in den letzten Wochen alles versucht, um **Juliane Wagner** aus der Ruhe zu bringen. Chancenlos. Die Programmleiterin der Managementsparte dieses wunderbaren Verlags ist die Ruhe selbst. Immer! Und sie hat mir einen großen Vertrauensvorschuss geschenkt und damit meine „Karriere" als Autor erst möglich gemacht. Daran werde ich mich auch noch erinnern, wenn die Verkaufszahlen auf Konsalik- oder J.K. Rowling-Sphären sind. Versprochen. Und ich danke Juliane für die Möglichkeit, dieses Buch mit viel Farbe und in einzelnen Details halt auch etwas anders als „übliche" Fachbücher herauszubringen.

Last but not least danke ich allen **Ideengeberinnen und Inspiratoren**, die mit ihren wunderbaren Projekten dieses Buch erst möglich gemacht haben. Die Offenheit, Spontanität und Hilfsbereitschaft, die sie mir alle entgegengebracht haben, war mir eine wunderbare Erfahrung und eine nie versiegende Energiequelle.

Weiterführende Literatur

Bachmann, Eric. 2014. *Muhammad Ali in Zürich*. Zürich: Edition Patrick Frey

Buckmann, Jörg. 2013. *Einstellungssache: Personalgewinnung mit Frechmut und Können.* Wiesbaden: Springer Gabler.

Croos-Müller, Claudia. 2012. *Nur Mut! Das kleine Überlebensbuch.* München: Kösel-Verlag.

Gutsche, Jeremy. 2014. *Zündstoff – 150 Strategien für Erfolg in chaotischen Zeiten.* Zürich: Midas Management Verlag AG.

Hennemuth, Maren. 2014. *Knochenjob am Herd* In: Die Welt. http://www.welt.de/regionales/frankfurt/article127162859/Knochenjob-am-Herd.html. Zugegriffen: 12.08.2015

Lehnen, Cliff. 2015. *Personalwirtschaft (2015)*, Sonderheft August: Employer Branding. Aufl., Köln: Verlag Wolters Kluwer.

Link, Oliver. 2014. *Das halbe Leben – Svenja Hofert im Interview* In: brand eins. http://www.brandeins.de/archiv/2014/arbeit/interview-mit-karriereberaterin-svenja-hofert-das-halbe-leben/. Zugegriffen: 12.08.2015

Schüller, Anne. M. 2014. *Das Touchpoint-Unternehmen: Mitarbeiterführung in unserer neuen Businesswelt*. Offenbach: GABAL Verlag GmbH.

Schwaninger, Hildegard. 2014. *Feiern im Minutentakt* In: Die Weltwoche. http://www.weltwoche.ch/ausgaben/2014-43/namen-feiern-im-minutentakt-die-weltwoche-ausgabe-432014.html. Zugegriffen: 12.08.2015

Printed by Printforce, the Netherlands